全圖解 主廚級黃金比例調醬祕技

開平青年發展基金會◎著

CONTENTS

海鮮 / 水煮

海鮮 / 烤

海鮮 / 酥炸

豬肉 / 燙煮

豬肉 / 炒

豬肉 / 煎

豬肉 / 燉滷

豬肉 / 烤

豬肉 / 炸

牛肉 / 燙煮

牛肉 / 炒

牛肉 / 煎

牛肉 / 爐烤

牛肉 / 炸

雞蛋、雞肉 / 燙煮

雞蛋 / 煎

雞蛋 / 煮

雞肉 / 水煮

雞肉 / 炒

雞肉 / 蒸

雞肉 / 低溫烹調

雞肉 / 烤

雞肉 / 炸

蔬菜 / 醃漬

蔬菜 / 涼拌

蔬菜 / 燙煮

米飯麵食 / 炒

米飯麵食 / 拌

米飯麵食 / 烤

米飯麵食 / 燙煮

米飯麵食 / 煎

鍋物沾醬湯底

特別附錄：肉汁製作與運用

CHAPTER 1

活·用·醬·料

在家就能輕鬆做好一日三餐

—— 做出平凡生活裡的幸福滋味 ——

調醬是做出美味料理的「風味關鍵」

調味是為了讓做好的菜餚呈現出更多的風味和口感。藉由不同的調味方式，可以賦予食物各種味道，比如鹹、酸、甜、辣、麻等，從而讓菜餚更具吸引力。

透過合宜的調醬，增加食物的滑爽感，或者增加食物的複雜性和深度，最終達到改善食物的口感，使其更加美味。

除此之外，醬料也能對食物的各種味道起到平衡的效果。例如，某些食物可能過於甜或過於鹹，而透過添加適當的調味料，可以讓味道融合得更好，甚至某些調味料可以達到提升肉類或海鮮的鮮味，強調出食材的自然味道而使其更加突出。

透過嘗試不同的調味料和創意的風味組合，能夠讓料理的風貌更加的多樣化，除了能滿足不同口味的需求外，甚至在家就能完成一道道足以媲美餐廳級美味的佳餚。

製作醬料的基本

醬料可以增添菜餚風味和多樣性，而製作醬料的基本步驟和知識，是初學者必學的基本。

從選擇食材、處理食材開始

食材的新鮮度和品質將直接影響醬料的風味，所以選擇新鮮的食材，對於製作美味的醬料而言至關重要，再根據所要製作的醬料所需進行前置處理。食材的前置處理是料理前不可省略的步驟，它能確保食材在料理中能夠達到最佳的口感、味道和風味。常見的食材前處理有以下方法：

❶ 清洗
大多數食材在使用前都需要徹底洗淨，以去除表面的雜質、泥土和細菌。蔬菜、水果、肉類和海鮮都需要洗滌。

❷ 去皮
一些食材，如柑橘類，或者根莖類的馬鈴薯、胡蘿蔔，或海鮮類的蝦，都可以透過削皮、剝皮或去殼的方式來完成。

❸ 切割
食材通常需要根據具體的需求來切割成適當的大小和形狀，以便料理時能更為順暢。這可能包括切丁、切條、切片、切絲等。

❹ 去骨
對於肉類和魚類，去骨是一項重要的前置處理工作，以確保在烹飪過程中能夠輕鬆進行。

❺ 事前醃漬
有些食材，例如肉類的牛肉、雞肉、豬肉等，可以透過醃漬來增加風味和嫩化。

❻ 去除油脂或血水
一些肉類如五花肉可能有多餘的油脂，需要根據需要去除部分或全部。對於某些肉類，如雞肉或魚肉，可以透過冷水漂洗或醃漬來去除血水，以減少腥味。

❼ 處理堅硬外殼
對於有堅硬外殼的食材，如堅果或貝類，需要進行開殼、敲開等處理。

❽ 去苦味
某些食材，像是苦瓜，可能具有苦味，而去苦味的方法包括鹽水浸泡、切片後浸泡等。

平衡不同味道
是製作醬料的必學技巧

用醬料做菜重要的是要遵循自己的口味來進行調整。所以透過嘗試不同的醬料與食材之間的組合，就能不斷提高使用醬料來做菜的技巧，並創造出多樣性的美味菜餚。平衡不同的味道是製作醬料時最重要的烹飪技巧，它可以確保菜餚在味道上更加均衡，而不是被某種味道給壓制。

首先，要瞭解每種醬料的基本風味，包括酸、甜、鹹、辣、鮮等等，瞭解醬料的基本風味，更有助於知道如何將它們結合，以達到所需的風味平衡。

❶ 使用食材來平衡

利用食材本身的味道來平衡醬料。比如醬料過鹹時，可以使用一些無鹽成分的食材，例如蔬菜、水果、乳酪、優酪乳來稀釋醬料的鹹味。又或者利用酸味食材，來平衡過甜的味道。

❷ 適度的酸味，讓其他味道更突出

適度的酸味可以讓其他味道更加突出，為料理增添清新的風味。通常酸味的比例佔約料理整體味道 10% 以下，再根據自己的喜好和食材的特性來進行微調。如果食物過於甜或油膩，就可以增加一些帶有酸性成分的食材，像是檸檬汁、醋來平衡味道。

❸ 甜味，為味覺提供滿足感

適度的甜味，可以平衡料理的酸、鹹與辣味，一般來說，甜味的比例應該適中，不過於突出，以免變得過甜。所以建議甜味的比例約為料理整體味道的 8-10%，也可以根據個人喜愛的口味來微調比例。

❹ 鹹味，可以提升層次和口感

鹹味是基本的味道之一，適度的鹹味可以提升食物的風味，增添層次和口感。鹹味的佔比例大約為整體味道的 8% 以下。不過，比例上還是會受個人的口味習慣而需要進行調整。

❺ 辣味，能增添刺激感和風味

辣味可以讓料理呈現出不同的風味，辣度的比例取決於個人的辣味接受程度。製作時可以根據自己喜歡的辣度，從微辣開始進行調整。

• 如果食物太酸的補救法

加入甜味材料：添加一些甜味成分的食材可以中和酸味，例如糖、蜂蜜、楓糖漿或果汁等，一點一點地加入，然後試味，直到達到個人喜歡的平衡點。

加入乳製品：乳製品可以有效降低酸度，例如牛奶、鮮奶油或乳酪等，能幫助入口時更柔和，口感更有質感。

加入根莖類食材：加入一些切成小塊的馬鈴薯或紅蘿蔔等，煮至軟爛後撈除，就能吸收部分的酸度。

增加油脂：橄欖油、奶油、植物油或乳酪等，適度的油脂可以中和酸味，為食物帶來豐富的口感和平衡的風味。

• 如果食物太甜的補救法

加入酸味食材：酸味可以平衡過甜的味道。可以加入一些檸檬汁、醋或柑橘果汁等酸性成分。利用這些成分來增添新鮮感並中和過甜的味道。

加入具有苦味的材料：苦味也可以幫助減少甜味的感知，比如橙皮、檸檬皮、可可粉、黑巧克力等，這些食材帶有苦味，能夠平衡食物的甜度，增添滋味層次和平衡。

加入鹽：鹽可以中和甜味，使其更加平衡。可以添加少量的鹽來減少甜味的強度。

加入辣味或香料：辣味和香料可以分散對甜味的感知，添加一些辣椒粉、辣椒醬、花椒或其他香料來增加食物的風味以及平衡甜味。

• 如果食物太鹹的補救法

加入其他無鹽材料：添加一些無鹽的食材來平衡鹹味，比如適量的無鹽蔬菜、豆類等等。

加水或湯：可以適量的加入一些水或湯，藉此稀釋鹹味。

添加酸味：加入一些具有酸性成分的食材，比如檸檬汁、醋或番茄醬等等來中和鹹味。

增加甜味：加入一些蜂蜜、糖或楓糖漿等甜味，平衡。

• 如果食物太辣的補救法

加入酸味：逐漸加入少量酸味，像是檸檬汁、醋、或橙汁等酸性食材可以中和辣味。

加入甜味：一點點地加入糖、蜂蜜、或糖漿等甜味食材可以平衡辣味。

適量的乳製品：像牛奶、優酪乳、乳酪等食物可以有效降低辣味。

常見的基本調味料

基本調味料用於增強食物的風味，調整食物的味道和平衡食物的風味。以下是廚房裡常見且常用的調味料。

鹽

鹽是調味料中的基本之一，用於增強食物的風味，平衡甜味和中和酸味。常見的鹽包括海鹽、岩鹽等。

❶ 海鹽

海鹽通常呈現出比食用鹽還要粗糙的結晶，通常有白色、灰色、粉紅色等多種顏色，主要是透過蒸發海水而來。它包含一些自然的礦物質，這些礦物質可以賦予海鹽不同的顏色和風味。不同種類的海鹽具有不同的風味，有些會帶有海洋的微妙風味。粗粒的海鹽通常在食材上用作調味或裝飾，來增加視覺吸引力。

❷ 岩鹽

岩鹽通常呈現粉紅色、橙色或紅色的晶體，這種色澤來自礦物質中的微量元素，岩鹽是來自地下岩鹽礦床，通常是數百萬年前的古老海底，被開採出來後經過精煉和處理。岩鹽具有溫和的鹹味，有時伴隨著微妙的礦物風味，常被用作食材的裝飾和調味。

糖

糖可以用來增加食物的甜味，平衡酸味，並使某些食物變得更加美味。常見的糖包括砂糖、白糖、冰糖和蜂蜜。

❶ 二砂

是一種非常常見的砂糖類型，通常是從蔗糖中提取的晶狀物，由於保留了一些糖漿和雜質，因此呈現棕色或深褐色。

❷ 白砂糖

是最常見的砂糖類型，它通常由蔗糖提取並精煉而成，為白色的顆粒狀，非常細膩，是烹飪和烘焙中最常用的砂糖類型。

❸ 冰糖

冰糖是晶狀的糖，它是從蔗糖或甘蔗汁中製成的，在料理中也非常常用。

❹ 蜂蜜

蜂蜜是蜜蜂採集花蜜後，通過化學變化和蜜蜂的作用在蜂巢中製成的甜液體，屬於天然的糖，具有特殊的風味，廣泛用於料理中。

醋

醋是用來增加酸度和風味的調味料，也可以用於醃漬、醬汁和沙拉醬中。常見的醋包括白醋、紅酒醋、蘋果醋和米醋等。

❶ 白醋

它是一種透明或淡黃色的液體，具有辛辣的氣味，是常見的調味品。可用於調味醬汁、沙拉、或製作醃漬食品等等。可以增加食物的酸度和風味。白醋是一種多用途的食材，廣泛用於烹飪、清潔和食品保存等方面。

❷ 紅酒醋

紅酒醋是由紅葡萄酒經過發酵和醋化過程製成的。有一種較為柔和的酸味，同時保留了紅葡萄酒的一些水果風味。紅酒醋常用於製作沙拉醬、醃漬食材、料理時的調味。

❸ 蘋果醋

蘋果醋具有蘋果的天然風味，同時帶有溫和的酸味，是由蘋果汁經過發酵和醋化而成。常用於製作沙拉醬、飲料、醃漬等。

❹ 米醋

米醋有較為溫和的酸味，是由米或糯米經過發酵和醋化製成的，在製作壽司飯、醃漬、調味料等經常會用到。

胡椒

胡椒通常用於增加食物的辛辣和香氣，是烹飪中的重要調味品之一。胡椒是一種常用的調味品，種類多種，每種胡椒都有其獨特的風味特點，可以根據菜餚的需要和個人口味來選擇使用哪種胡椒。

❶ 黑胡椒

是由成熟的胡椒果實經過風乾後製成的，具有一種強烈的辛辣味道，黑胡椒是最常見和廣泛使用的胡椒種類。

❷ 白胡椒

白胡椒是由成熟的胡椒果實去皮後風乾製成的，顏色呈淡黃色。它的味道比黑胡椒更溫和，白胡椒常用於白色或淡色的菜餚，以避免影響菜色外觀。

❸ 綠胡椒

綠胡椒是由未成熟的胡椒果實風乾後製成的。它有一種較為柔和的辛辣味，也是烹飪或調味常用品。

❹ 紅胡椒

紅胡椒通常是成熟的胡椒果實，經過乾燥或磨碎而製成的。它具有較為甜美的風味，而不是強烈的辛辣味。

辛香料

辛香料是用於烹飪和調味的各種香氣植物，它們可以提供食物不同的風味、香氣和口味，以下是一些常見的香料。

❶ 迷迭香

迷迭香具有強烈的香味，有些人形容它帶有樹木和土壤的香氣，迷迭香常被用於各種烹飪中，特別是用於烤肉、烤雞、羊肉和魚類。它也可以用於製作調味醬、香料混合物、香腸、湯和燉菜。迷迭香的香味能夠增添風味，尤其適合與橄欖油一起用於烤蔬菜或麵包的調味。

❷ 薄荷

薄荷具有清新、強烈的香味和清涼味，具有一定的辛辣感。這種獨特的香氣和味道使薄荷在食物和飲品中非常受歡迎。薄荷在烹飪中常常用作調味料，不論是沙拉、醬料、烤肉、羊肉、米飯等料理，都可以增添風味。

❸ 肉桂

源自於肉桂樹的內皮，被收集、曬乾後所製成的香料。具有濃郁、溫暖和甜美的香味，通常被用於烹飪、烘焙、調味料和飲品中，其味道可以用來提升各種食物和飲料的風味。肉桂的味道常常被形容為木質、香甜、略帶辛辣。

❹ 八角

具有強烈的甜味和濃鬱的香氣，在烹飪中被廣泛使用，它常用於燉湯、燉菜、烤肉、醃製和香料混合物中。它也是五香粉的主要成分之一。

❺ 薑

薑具有強烈的香味和微辛辣的味道，以及清新的香氣，味道略帶辛辣和甜味。這種獨特的香味和味道使薑成為烹飪中重要的調味品，可以運用在湯、燉菜、炒菜、烤肉、海鮮等各種料理中。

❻ 大蒜

大蒜具有濃烈的特殊香味和味道，味道辛辣。這種獨特的味道和香氣使大蒜成為烹飪中重要的調味品，可以用來炒菜、烤肉、煮湯、調醬料、烤麵包等。

❼ 辣椒

辣椒可以用新鮮、乾燥、辣椒粉或辣椒醬的形式添加，以增加食物的辛辣度。

其他

各式市售醬料：各種醬料，如醬油、魚露、番茄醬、咖哩醬、辣椒醬等。尤其是醬油，醬油為料理提供獨特的鹹味和深厚的鮮味，有助於增強菜餚的風味。此外，醬油可以賦予菜餚深棕色，能讓食物看起來更加好吃。

起司：各種起司，如帕馬森起司、茅屋起司、莫札瑞拉起司、夸克起司、乳清起司、瑞士起司、帕瑪森起司等等，都很常運用在製作醬料中。

椰漿：椰漿提供醬料更為濃郁的口感。它由椰子肉和水混合榨取而成的，在許多料理中都能看到它的身影。

CHAPTER 2

換·個·醬·料

就能讓餐桌每道料理有滋有味！

—— 做出風味無限的吮指滋味 ——

海鮮篇

炒蝦仁

材　料　蝦仁 300 克、薑片 5 克

調味料　米酒 1 大匙、清水 1/4 杯

作　法

1. 將蝦仁清洗乾淨。
2. 鍋中放入沙拉油 1 大匙爆香薑。再放入蝦仁拌炒。
3. 加入調味料加蓋燜煮 30 秒。開蓋加入炒醬拌炒均勻，即可食用。

鮮香

酒香醬　使用法：炒

材　料　蔥末 1 小匙、辣椒末 1 小匙、紅蔥頭末 1 小匙

調味料　紹興酒 1 大匙、米酒 2 大匙、蝦油 1 大匙、糖 1 小匙、香油 1/4 小匙

作　法　所有材料與調味料攪拌均勻即可拌入炒好的蝦仁中一起燒煮。

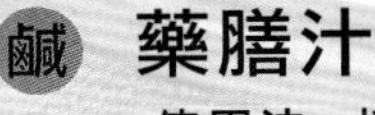

鹹香

藥膳汁

使用法：拌

材　料　枸杞 1 小匙、紅棗 1 顆、當歸 1 小片

調味料　米酒 1 大匙、水 1 杯、鹽 2 小匙、糖 1 小匙（1 杯＝ 240cc）

作　法　將材料跟調味料一起煮滾後即可拌入蝦仁中。

酸香

冬陰醬　使用法：炒

材　料　香茅半支、南薑 10 克、檸檬葉 2 片、辣椒 1 支

調味料　水 1 杯、冬陰功醬 1 大匙、魚露 1 小匙、鹽 1/4 小匙，檸檬汁 1 小匙，糖 1 小匙（1 杯＝ 240cc）

作　法　將材料跟調味料煮滾後過濾即可。

鹹香

蒜蓉醬　使用法：沾、拌

材　料　蒜末 1 小匙、蒜頭酥 1 小匙

調味料　飲用水 1/2 杯、醬油膏 1 大匙；烏醋、蒜頭油各 1 小匙、糖 2 小匙（1 杯＝ 240cc）

作　法　所有材料與調味料攪拌均勻即可。可以拌入炒好的蝦仁中或沾來吃。

炒蛤蜊

材　料

蛤蜊 300 克、蔥段 10 克、薑片 5 克、蒜片 10 克、辣椒片 15 克

調味料

米酒 1 大匙、清水 1/2 杯（1 杯＝240cc）

作　法

1. 蛤蜊吐沙後清洗乾淨。
2. 用沙拉油 1 大匙爆香蔥、薑、蒜、辣椒，放入蛤蜊拌炒，加入調味料加蓋燜煮 30 秒。
3. 開蓋加入炒醬拌炒均勻，即可食用。

〈炒醬〉

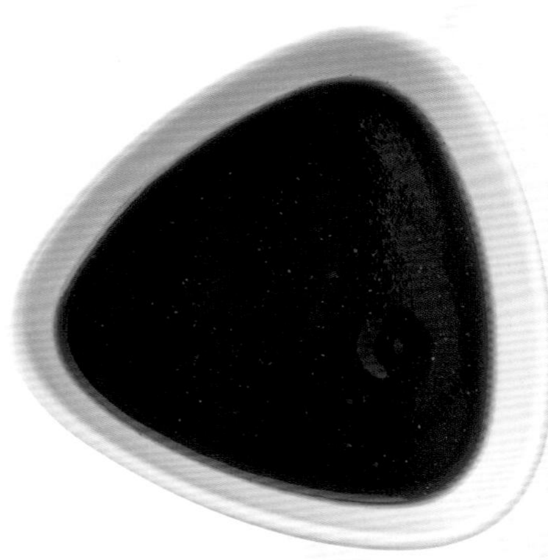

鹹 鮮 海鮮醬爆汁

使用法：炒

材　料 水 50cc

調味料 美極 2 小匙、糖 1 大匙、蠔油 1/4 杯、海鮮醬 2 大匙、BB 辣椒醬 3 大匙（1 杯＝240cc）

作　法 所有調料調勻即可搭配蛤蜊一起拌炒。

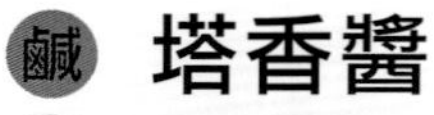

鹹 鮮 辣 塔香醬

使用法：炒

材　料 九層塔末 2 大匙

調味料 蠔油 1 大匙、醬油膏 2 大匙、米酒 1 大匙、是拉差辣椒醬 1 小匙、香油 1/4 小匙

作　法 所有材料與調味料拌勻即可與蛤蜊一起拌炒。

宮保醬

使用法：炒

材料A 乾辣椒5支、蒜碎1小匙、薑碎1小匙、油1大匙

材料B 花椒油1小匙、辣油2小匙

調味料 水1杯、醬油1大匙、烏醋1大匙、糖2小匙、醬油膏2小匙、米酒1小匙

作　法 鍋中放入材料A炒香後，再加入調味料煮滾，最後再加入材料B，與蛤蜊一起拌炒。

泰式辣椒醬

使用法：炒

材　料 蒜末、薑末、辣油各1小匙；泰國椒段2支、沙拉油1大匙

調味料 是拉差辣醬、番茄醬各1大匙；魚露1小匙、糖2小匙、白醋1小匙、水2大匙

作　法 用油爆香材料（辣油除外）後，再加入調味料煮滾後，最後再加入辣油，與蛤蜊一起拌炒。

辣

麻辣蛤蜊醬

使用法：炒

材　料 朝天椒末1大匙

調味料 郫縣豆瓣、米酒、味醂各1大匙；醬油膏2大匙、花椒粉1/2小匙、辣油1/2小匙、花椒油1/4小匙

作　法 所有材料與調味料攪拌均勻即可搭配蛤蜊一起拌炒。

清蒸鱸魚

材　料　鱸魚 1 條 600 克、蔥段 & 香菜適量

調味料　鹽 1/2 小匙、米酒 1 大匙、白胡椒粉少許

作　法
1. 鱸魚清洗乾淨後，內側剖開，外皮魚身較厚處劃刀。
2. 鱸魚淋上調味料或蒸魚醬汁。
3. 蒸籠水滾後再放入，以大火蒸約 8 分鐘，撒上蔥段香菜裝飾即可取出食用。

〈蒸醬〉

樹子蒸魚醬

鹹 甜

使用法：蒸

材　料　樹子 1 大匙、薑末 1 小匙

調味料　魚露 1 大匙、糖 1/2 小匙、米酒 2 小匙

作　法　所有食材與調味料攪拌均勻即可淋入魚上一起蒸熟。

香蔥鮮味醬

鹹 香

使用法：淋

材　料　蔥末 3 大匙、薑末 1 小匙、沙拉油 2 大匙

調味料　椒鹽粉 1 小匙、鹽 1/4 小匙

作　法　將沙拉油以外的所有材料與調味料放入碗中拌勻。把沙拉油加熱至 140°C，淋入碗中攪拌均勻，靜置 10 分鐘後即可淋入蒸好的魚上。

鹹 甜

冬瓜醬

使用法：蒸

材 料 鹹冬瓜碎 2 大匙、薑末 1 小匙

調味料 蒸魚醬油、米酒各 1 大匙；糖 1 小匙

作 法 所有食材與調味料拌匀即可淋入魚上一起蒸熟。

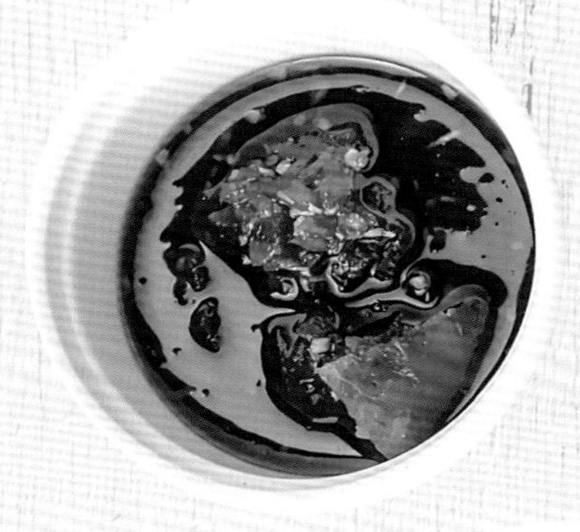

酸 甜

旺旺鳳梨醬

使用法：蒸

材 料 鹹鳳梨碎 2 大匙、薑末 1 小匙

調味料 魚露 1 大匙、米酒 2 小匙；水果醋、糖各 1 小匙

作 法 所有食材與調味料攪拌均勻即可淋入魚上一起蒸熟。

辣

黃豆蒸魚醬

使用法：蒸

材 料 黃豆醬 1 大匙、辣椒末 1 小匙

調味料 素蠔油 2 大匙、糖 1 小匙、米酒 1 大匙

作 法 所有食材與調味料攪拌均勻即可淋入魚上一起蒸熟。

酸 甜

泰式檸檬醬

使用法：淋

材 料 檸檬葉末、香茅末各 1/4 小匙；南薑末 1/2 小匙、辣椒末 1 小匙、紅蔥頭末、蒜仁末各 1/2 小匙；檸檬汁 4 大匙

調味料 泰國魚露、椰糖各 2 大匙；白醋 1 大匙

作 法 所有食材與調味料拌勻加熱至椰糖融化，即可淋入蒸好的魚上。

清蒸鱈魚

材　料

鱈魚片 600 克、蔥絲 & 辣椒絲適量

調味料

鹽 1/2 小匙、米酒 1 大匙、白胡椒粉少許

作　法

1. 鱈魚洗後，擦乾水分備用。
2. 鱈魚淋上調味料或蒸魚醬汁。
3. 等蒸籠水滾後再放入，以大火蒸 8 分鐘，放上蔥絲 & 辣椒絲即可取出。

〈蒸醬〉

\ 粵式古法蒸魚醬 /

使用法：蒸

材　料 里肌肉末 80 克、泡發冬菇末 2 片、筍末 30 克、蔥末 1 支、香菜末 1 株

調味料 鹽、太白粉各 1/4 小匙；水、香油各 1.5 小匙；水 3 大匙、醬油 2 大匙；老抽、糖各 1 小匙；胡椒粉 1/4 小匙

作　法 把所有材料與調味料一起拌勻，淋入魚上一起蒸 12-14 分鐘即可。

\ 剁椒醬 /

使用法：蒸

材　料 辣椒 100 克、蒜仁 30 克、開陽 5 克、米酒 1/2 杯、香油 1 大匙、沙拉油 3 大匙（1 杯＝ 240cc）

調味料 白胡椒粉 1/4 小匙；糖、辣油各 1 大匙；鹽、魚露各 1 小匙

作　法 辣椒洗淨，去蒂頭晾乾後，和鹽、米酒一起放入塑膠袋拌勻，綁緊醃 5 天；取出瀝乾，與蒜仁、開陽均切成細末。鍋中放入香油、沙拉油，以冷油炒辣椒，炒至油變成透亮的紅色(避免炒過頭，以免發苦、影響色澤)再放入開陽炒香，最後放入蒜頭炒至沒有水分，加入調味料攪勻，即可淋在鱈魚上一起蒸。

酸 香 鹹

泰式香茅醬

使用法：蒸

材　料 香茅碎 1 支、檸檬葉碎 2 片、蒜末 1 小匙、辣椒末 1.5 小匙

調味料 水 1/2 杯、魚露 1 大匙、糖 1 小匙、檸檬汁 1 大匙、鹽 1 又 1/4 匙、米酒 1 小匙

作　法 將材料跟調味料全部攪拌均勻即可，魚蒸熟後，再倒入醬汁蒸 3 分鐘完成。

酸 鹹

酸菜蒸醬

使用法：蒸

材　料 酸菜碎 100 克、酸江豆碎 20 克、蒜末 1 小匙、薑末 1 小匙，油 1 大匙

調味料 沙拉油 2 大匙、糖 1 又 1/4 匙、鹽 1 又 1/4 匙、米酒 1 小匙、水 1/2 杯。

作　法 用油將材料炒香後，加入調味料煮滾，把做好的酸菜醬放置魚肉上一起進蒸籠蒸熟。特別要注意的是酸菜使用前要先沖水洗淨，烹調前也先燙水，降低酸菜的鹹味。

樹子辣醬

使用法：蒸

材　料 樹子 80 克、蒜碎 1 小匙、蔥花 1 小匙

調味料 紅辣椒粉 2 小匙、水 1/2 杯；醬油、糖、魚露各 1 小匙（1 杯＝240cc）

作　法 把材料跟調味料攪拌均勻即可把淋在放在魚肉上一起進蒸籠蒸熟。別注意的是，辣椒粉選擇一般辣椒粉即可，不要用朝天椒粉。

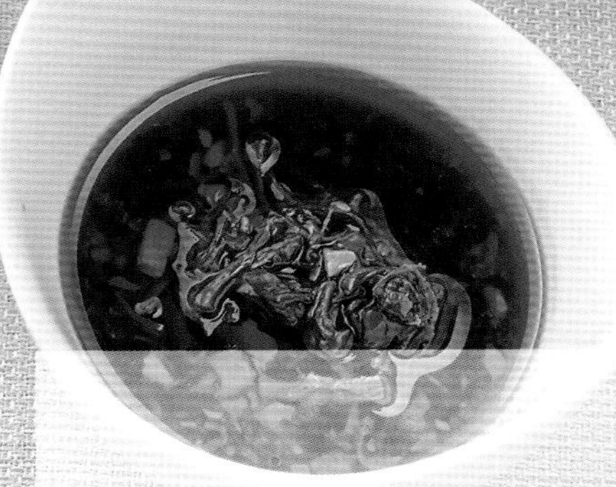

XO 蒸魚醬

使用法：蒸

調味料 XO 醬 1 大匙、水 1/2 杯、鹽 1 又 1/4 匙、糖 1 小匙、醬油 2 小匙、米酒 1 小匙（一杯＝250cc）

作　法 將所有調味料拌勻即可淋在魚肉上，一起蒸煮。

鹹 酸

醬油糖醋醬 使用法：沾

材 料 蒜末 1 小匙、薑末 1 小匙

調味料 水 1/2 杯、醬油 1 大匙、白醋 1 大匙、烏醋 1 小匙、糖 1 大匙、香油 1 小匙（1 杯＝ 240cc）

作 法 將材料跟調味料一起煮滾即可。蟹肉可以沾著一起食用。

鹹 香

奶油醬 使用法：煮

材 料 奶油 1 大匙、洋蔥碎 2 小匙、蒜碎 1 小匙

調味料 牛奶 1 杯、鮮奶油 1 大匙、鹽 1 又 1/4 匙、糖 1 小匙（1 杯＝ 240cc）

作 法 用奶油爆香材料後，加入調味料煮滾，即可放入三點蟹一起烹煮至入味。可以加入適量的太白粉水勾芡，讓醬汁變濃稠。太白粉：水為 1：3

鹹 香

金銀蒜茸醬 使用法：蒸

材 料 蒜仁 100 克、米酒 2 大匙、水 1 大匙

調味料 糖 1 小匙、香油 2 小匙、蒜油 1/2 小匙、醬油膏 1/4 杯（1 杯＝ 240cc）

作 法 蒜仁去蒂頭加米酒、水打成蒜蓉後加入調味料攪拌均勻，即可淋在螃蟹上一起蒸。

特別注意：一半蒜頭炸，一半不炸。

鹹 香

芝麻沾醬

使用法：沾

材 料 蒜末 1 小匙。

調味料 飲用水 1 杯、糖 1 大匙，芝麻醬 2 大匙、烏醋 1 大匙、醬油 2 小匙、辣油 1 小匙。

作 法 將材料跟調味料攪拌均勻即可。

清蒸三點蟹

材 料 三點蟹 2 隻

調味料 米酒 1 大匙、白醋 1 小匙

作 法 螃蟹先冷凍 1 小時，取出後剪去綁繩，先刷洗髒污。處理螃蟹時上蓋的左、右兩側邊緣靠在桌上，於一邊施力，上下掰開，去除內臟蟹腸後放入盤中，淋入調味料。待蒸籠水滾後再放入，大火蒸 6 分鐘，即可搭配沾醬食用。或是將螃蟹分切後，搭配炒醬拌炒，或一起煮。

辣 鹹 香

辣黑椒醬

使用法：炒

材 料 黑胡椒粗粉 1 大匙

調味料 素蠔油 1 大匙、烤肉醬 2 大匙、是拉差辣椒醬 1 小匙、花椒油 1/4 小匙

作 法 所有材料與調味料攪拌均勻，即可與切塊的三點蟹一起拌炒。

鹹 香

風味咖哩醬

使用法：炒

材 料 洋蔥末 2 大匙、辣椒末 1 小匙

調味料 咖哩粉 1 大匙、沙拉油 2 大匙、醬油 2 小匙、味醂 1 大匙、糖 1 小匙

作 法 材料和咖哩粉放入碗中拌勻。把沙拉油加熱至 160°C，淋入碗中拌勻後靜置 20 分鐘，剩餘調味料加入碗中再次攪拌均勻，即可和切塊的三點蟹一起拌炒。

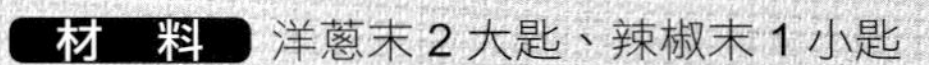

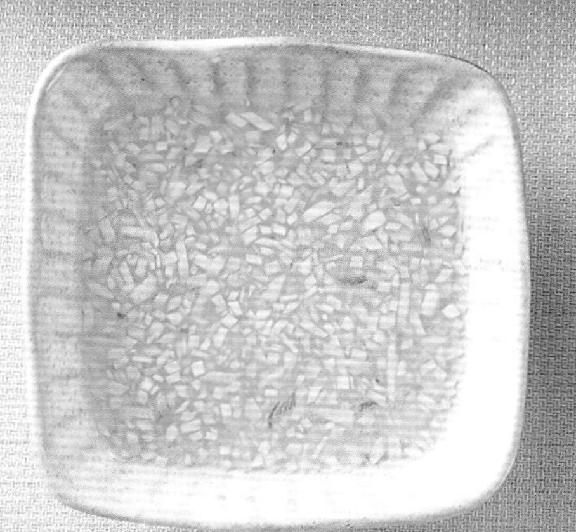

酸 甜

薑醋汁

使用法：沾

材 料 薑末 1 大匙

調味料 白醋 3 大匙、糖 2 大匙

作 法 所有材料與調味料一起攪拌均勻，即可沾蟹肉食用。

鹹 香

避風塘醬

使用法：炒

材 料 蒜末 1 大匙、蒜酥 1 大匙、豆豉 1 小匙、乾辣椒碎 1 大匙

調味料 沙拉油 1 大匙、蒜油 1 小匙、椒鹽粉 1 小匙

作 法 材料放入碗中拌勻後，將沙拉油加熱至 160°C，淋入碗中拌勻。靜置 20 分鐘後，剩餘調味料加入碗中拌勻，即可與切塊的三點蟹一起拌炒。

清蒸明蝦

材　料　明蝦3隻

調味料　米酒1大匙、白醋1小匙

作　法

1. 將明蝦洗淨去除腸泥。
2. 鍋中放入600cc的清水煮滾。
3. 放入明蝦及調味料，煮至明蝦熟透後即可撈出，搭配醬料沾或淋食用。

〈沾醬、混搭醬料〉

\ 綠咖哩醬 /

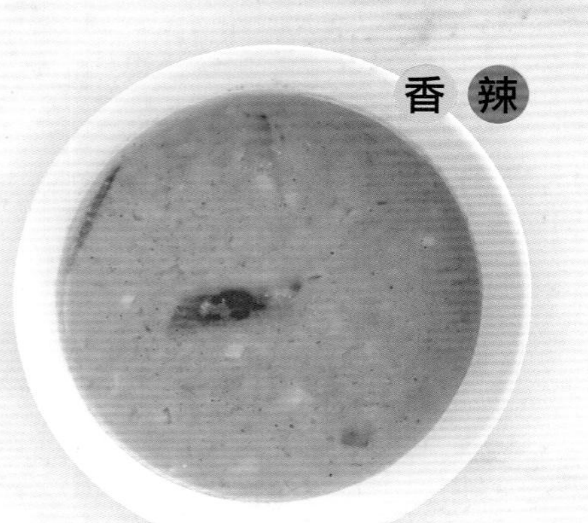

使用法：煮

材　料　洋蔥碎1小匙、辣椒片1支

調味料　綠咖哩1大匙、水1杯、魚露1小匙，糖2小匙、椰漿1大匙，（1杯＝240cc）

作　法　將材料跟調味料一起煮滾後，即可加入明蝦略煮。

\ 紅咖哩醬 /

使用法：煮

材　料　紅蔥頭1小匙、檸檬葉2片

調味料　水1杯、紅咖哩1大匙、椰漿1大匙、糖2小匙、魚露1小匙。（1杯＝240cc）

作　法　將材料跟調味料一起煮滾後，即可加入明蝦略煮。

芥末沾醬
使用法：沾

材 料 醬油3大匙、山葵粉60克、常溫開水90克

作 法 將山葵粉加水調勻後靜置10分鐘，加入醬油拌勻，煮熟的明蝦可沾來吃。

鹹 鮮

香菜魚露醬
使用法：淋

材 料 水1大匙、薑片10克、香菜頭10克

調味料 冰糖1大匙、魚露1/4杯、醬油1大匙、蠔油1大匙、老抽1小匙、美極2小匙（1杯＝240cc）

作 法 所有調味料加在一起，蒸 or 煮滾後，過濾即可淋在蒸完的明蝦上一起食用。

鹹 辣

奶油胡椒醬
使用法：醃、蒸

材 料 奶油2大匙、胡椒粉1小匙、黑胡椒碎1大匙

調味料 糖3大匙、老抽1小匙、蠔油1/2杯（1杯＝240cc）

作 法 熱鍋下胡椒粉炒香後盛出。熱鍋再放入奶油炒化，加入胡椒粉之外的其餘材料、調味料，煮滾後下胡椒粉拌勻，即可用來醃漬明蝦，可用錫箔紙包裹一起蒸。

酸 鹹

檸香薑味醬
使用法：沾

材 料 薑泥1大匙、蔥末2小匙、飲用水1大匙

調味料 糖1/2小匙、鹽1/4小匙、胡椒粉少許、檸檬汁1/2杯（1杯＝240cc）

作 法 把所有材料、調味料一起拌勻即可，煮熟的明蝦可沾來吃。

清蒸九孔

材　料
九孔 6 顆

調味料
薑片 5 片、蔥段適量、米酒 1 大匙、白醋 1 小匙

作　法

1. 將九孔徹底清洗，去除外殼上的泥沙和雜質，放入盤中，排成整齊的一層。放上薑片及蔥段。
2. 九孔適量淋上一點米酒及白醋去腥提香。
3. 準備好蒸鍋，將水煮沸，把盤子放入蒸鍋中，蓋上鍋蓋，以中火蒸約 5-7 分鐘直到九孔完全熟透，再淋上醬汁蒸 1 分鐘即可。(或者可直接加入煮醬，與生九孔一起烹煮)

〈沾醬、煮醬〉

\ 梅子沾醬 /

酸　鹹

使用法：沾

材　料 白話梅 5 顆、紫蘇梅 3 顆

調味料 白醋 2 大匙、水 2 大匙、糖 2 小匙

作　法 將調味料煮開後，再加入材料即可將蒸好的九孔用來沾食。

\ 麻油沾醬 /

鹹　香

使用法：沾

材　料 薑末 2 大匙、黑麻油 3 大匙

調味料 鹽 1/4 小匙、糖 1/4 小匙

作　法 薑末加入調味料後，將黑麻油加熱，沖入薑末即可以蒸好的九孔用來沾食。

\ 香辣蒜醬 /

香　辣

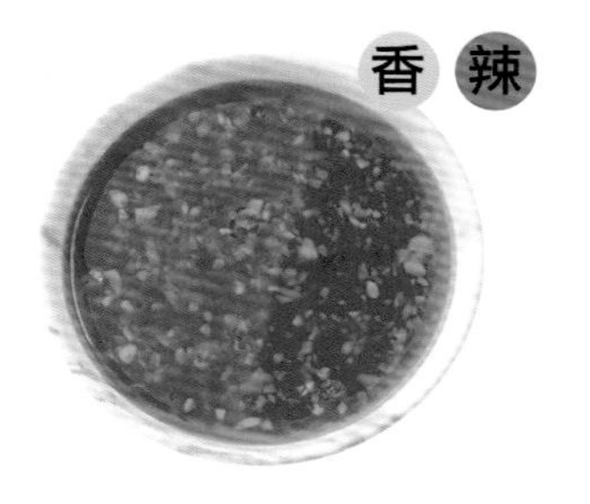

使用法：煮

材　料 紅辣椒 5 支、大蒜 3 顆、薑 10 克、辣油 1 大匙、香油 1 小匙

調味料 白醋、飲用水各 1 大匙；魚露、辣椒粉各 1 小匙；糖 2 小匙

作　法 用果汁機將材料與調味料打一起均勻即可做成九孔的煮醬。

花雕酒香醬

鹹 香 甜

使用法：煮

材　料 ①水 1/2 杯、鹽 2 匙、糖 1 小匙②花雕酒 1 大匙、紅露酒 1 小匙、米酒 1.5 匙（1 杯＝ 240cc）

作　法 將材料①煮滾放涼後，再加入材料②拌勻即可做成九孔的煮醬。

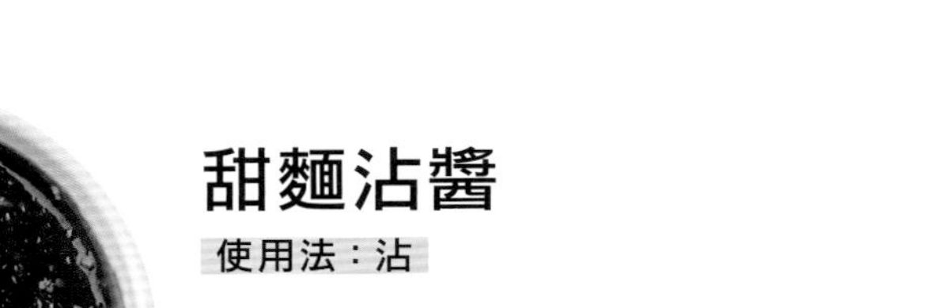

甜麵沾醬

鹹 香 甜

使用法：沾

材　料 蒜末 1 小匙、紅蔥末 1 小匙、沙拉油 1 大匙

調味料 水 1 杯、甜麵醬 1 大匙、蠔油 2 小匙、糖 1 大匙、白醋 1 大匙（1 杯＝ 240cc）

作　法 用油將材料爆香後，再加入調味料煮滾即可。

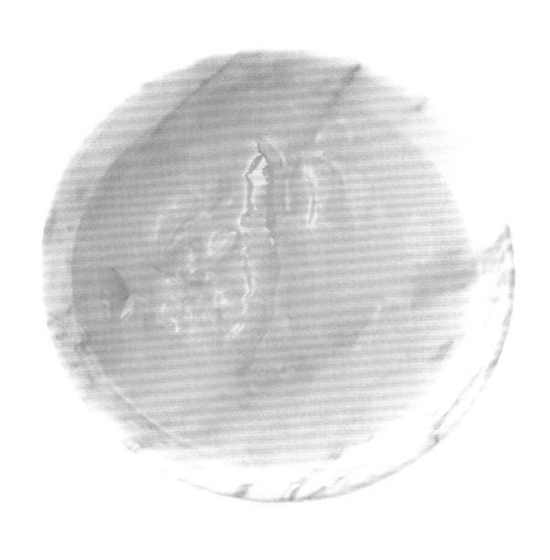

柚香沾醬

甜

使用法：沾

材　料 柚子粉 1 又 1/4 匙

調味料 柚子醬 2 大匙、蜂蜜 1 小匙、糖 2 小匙、檸檬汁 2 小匙、飲用水 1 大匙

作　法 將調味料拌勻，即可以蒸好的九孔沾食。

蠔油沾醬

鹹 甜

使用法：沾

材　料 蒜末 1 小匙、薑末 1 小匙、蔥花 1 小匙、香油 1 小匙

調味料 水 1/2 杯、蠔油 2 小匙、醬油 1 小匙、烏醋 1 小匙、糖 2 小匙

作　法 將調味料煮滾後放涼，再把材料加入一起拌勻，即可以蒸好的九孔沾食。

乾煎鮭魚

材　料　鮭魚 1 片

調味料　鹽 1/8 小匙、米酒 1/2 匙

作　法

1. 以大火乾燒鍋子至高溫，倒入 3 大匙的油後晃動一下鍋子，均勻把熱油分布在整個鍋面，倒出剩油後轉中火，放入鮭魚片。
2. 蓋上鍋蓋煎 2-3 分鐘，等聞到香味後，輕晃鍋子，如果魚片可以滑動，就可以進行翻面，續煎到確定煎熟加入調味料就可以起鍋。

〈沾醬〉

酸 甜

青蘋果柳橙香檸莎莎醬

使用法：沾

材　料　青蘋果、柳橙、洋蔥、香菜、牛番茄各 1/4 杯；鹽 1/4 小匙、糖 1 小匙、檸檬汁 4 小匙（1 杯＝ 240cc）

作　法　將洋蔥去皮、切碎；牛番茄去皮、切丁；青蘋果、柳橙去皮切丁。將所有材料攪拌均勻，即可沾食煎好的鮭魚。

酸 甜

芒果莎莎醬

使用法：沾

材 料 芒果、洋蔥、香菜各 1/4 杯；牛番茄 1/2 杯、檸檬汁 4 小匙、鹽 1/4 小匙、糖 1 小匙（1 杯＝ 240cc）

作 法 將洋蔥、香菜切碎；牛番茄去皮切丁；所有材料拌勻即可沾食煎好的鮭魚。

香 鮮

紅椒杏仁醬汁

使用法：沾

材 料 紅椒 1/2 個；杏仁片、洋蔥末、鮮奶油各 1/4 杯；紅蔥頭、蒜各 1 小匙；高湯 2 杯、鹽 1/2 小匙；奶油、油各 1 小匙（1 杯＝ 240cc）

作 法 紅椒用火烤過後泡水、洗淨去皮切碎；洋蔥、紅蔥頭、蒜頭切碎。鍋下油加洋蔥、紅蔥頭、蒜頭炒香後加入紅椒、杏仁炒勻。再入高湯熬煮約 10 分鐘，取出用果汁機打均勻後濾，加入鮮奶油、奶油拌勻即可。

酸 鹹

芥末蒔蘿油醋醬

使用法：沾

材 料 芥末籽醬、蒔蘿各 1 小匙；橄欖油 3/4 杯、白酒醋 1/4 杯、鹽 1/4 小匙（1 杯＝ 240cc）

作 法 蒔蘿切碎。將橄欖油和白酒醋打成油醋汁，再加入芥末籽醬及蒔蘿碎，加入鹽調味，即可沾食煎好的鮭魚。

甜 鹹

香瓜松子莎莎醬

使用法：沾

材 料 香瓜、松子、香菜、牛番茄各 1/4 杯、鹽 1/4 小匙、糖 1 小匙（1 杯＝ 240cc）

作 法 松子放入已預熱烤箱中，以 150°C 烤 10 分鐘掉頭烤 5 分鐘即可取出。牛番茄去皮，與香瓜一起切丁。香菜切碎；最後將所有材料攪拌均勻即可使用。

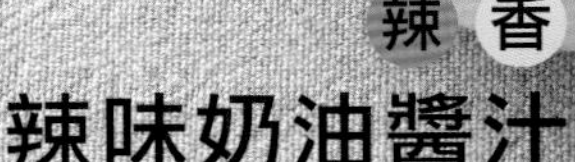

辣 香

辣味奶油醬汁

使用法：沾

材 料 市售奶油醬汁 1 杯、西班牙紅椒粉 1 小匙（1 杯＝ 240cc）

作 法 將奶油醬汁煮至微滾加入西班牙紅椒粉，調至適當辣度即完成。煎好的鮭魚片可以沾著食用。

乾煎吳郭魚

材　料
吳郭魚 1 條

調味料
鹽 1/8 小匙、
米酒 1/2 匙

作　法

1. 將魚清洗乾淨後，內側剖開，外皮魚身較厚處劃刀，抹上調味料。
2. 以大火乾燒鍋子至高溫，倒入 3 大匙的油後晃動一下鍋子，均勻把熱油分布在整個鍋面，倒出剩油後轉中火，放入吳郭魚。
3. 蓋上鍋蓋煎 2-3 分鐘，等有聞到香味後，輕晃鍋子，如果魚可以滑動，就可以進行翻面，續煎確定煎熟就可以起鍋。

〈淋醬〉

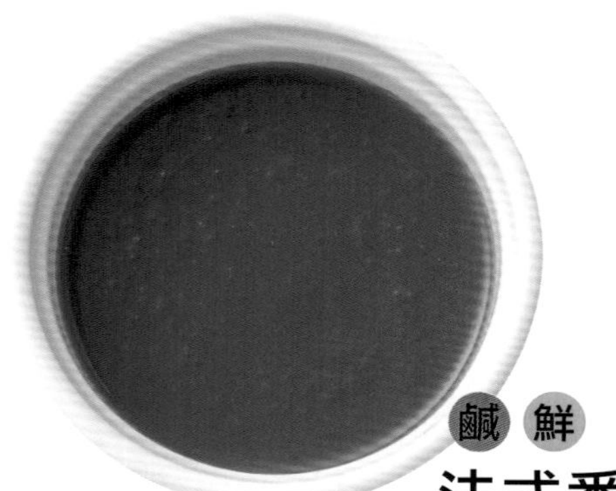

鹹 鮮

法式番茄醬汁

使用法：淋

材　料 去皮牛番茄 3 杯、洋蔥碎 3/4 杯；紅蘿蔔碎、西芹碎各 1/4 杯；番茄糊、蒜碎、橄欖油各 2 小匙；紅酒 1/2 杯、雞高湯 4 杯；羅勒、細砂糖各 1 小匙；迷迭香香草束 1 束；鹽、胡椒各 1/4 小匙（1 杯＝ 240cc）

作　法 牛番茄去皮、切小塊。鍋內加入橄欖油燒熱，加入洋蔥炒至金黃，加入西芹、紅蘿蔔炒至金黃，再加入番茄及紅酒煮至濃縮成 1/2，再加入高湯及香草束，煮滾後轉小火煮至番茄變軟，取出香草束，倒入果汁機攪打後煮成需要的濃稠度，最後加入剩餘材料調味。

鮮 香

蒔蘿扇貝醬汁

使用法：淋

材　料 扇貝 240 克、白酒、鮮奶油各 1 杯；高湯、扇貝高湯各 1/2 杯；洋蔥、大蒜各 1 小匙；奶油 1/2 小匙、蒔蘿 1 小匙、鹽、黑胡椒各 1/4 小匙（1 杯＝ 240cc）

作　法 將洋蔥、大蒜、蒔蘿切碎。將扇貝煮熟取出肉，湯汁留下做扇貝高湯。扇貝肉切丁，將洋蔥、大蒜炒香後加入白酒煮縮至 1/3，再加入高湯和扇貝高湯煮縮至 1/3，再加入鮮奶油濃縮至適當稠度過濾，即可以鹽、黑胡椒調味，加入奶油、蒔蘿和扇貝肉。

鹹 鮮

蛤蜊番茄醬汁

使用法：淋

材 料 蛤蜊 240 克、牛番茄丁 1 杯；魚高湯 3 杯、洋蔥碎 1/4 杯；奶油、鹽各 1 小匙（1 杯＝240cc）

作 法 蛤蜊事先吐砂。將蛤蜊蒸熟後，取出蛤蜊肉；牛番茄丁和洋蔥碎炒香，加入魚高湯煮滾，轉成小火將湯汁濃縮，加入蛤蜊肉、奶油及鹽調味即完成。

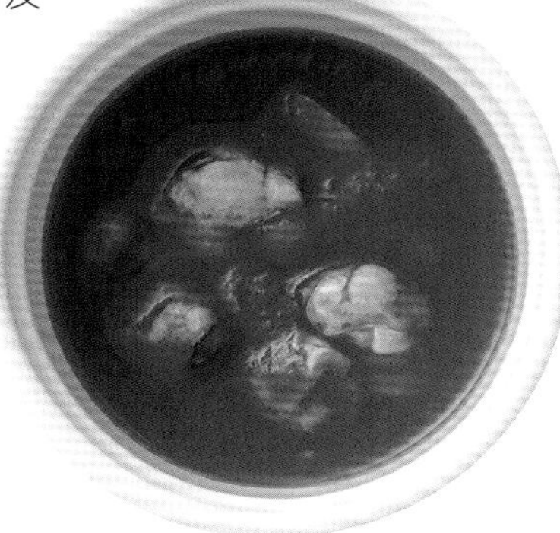

鹹 鮮

葡萄牙醬汁

使用法：淋

材 料 番茄醬汁 4 杯、洋蔥碎 3/4 杯、巴西里碎 1 小匙、鹽 1/4 小匙、胡椒 1/4 小匙、橄欖油 2 小匙（1 杯＝240cc）

作 法 在鍋子內加入橄欖油燒熱，加入洋蔥炒香後加入番茄醬汁煮約 20 分鐘，煮成需要的濃稠度，關火後加入巴西里，並以鹽、胡椒調味即可。

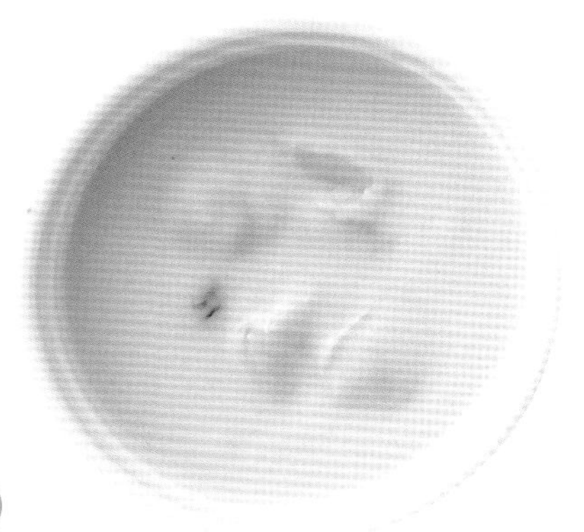

鹹 鮮

白酒蛤蜊醬

使用法：淋

材 料 蛤蜊、白酒、鮮奶油各 1 杯；魚高湯 1/2 杯；洋蔥碎、大蒜碎各 1 小匙；奶油 1/2 小匙、蛤蜊高湯 1/2 杯；鹽、黑胡椒各 1/4 小匙（1 杯＝240cc）

作 法

將蛤蜊煮熟取出肉，湯汁留下做蛤蜊高湯。將洋蔥、大蒜炒香後加入白酒煮縮至 1/3，再加入魚高湯和蛤蜊高湯縮至 1/3，再加入鮮奶油濃縮至適當稠度過濾後即以鹽、黑胡椒調味，並加入奶油和蛤蜊肉。

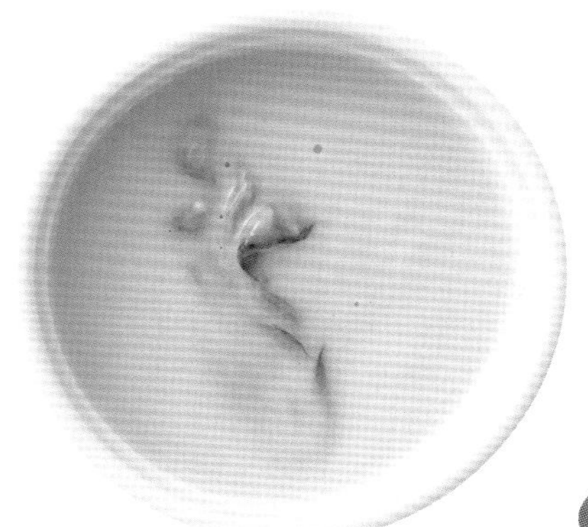

鹹 鮮

牡蠣酒香醬汁

使用法：淋

材 料 牡蠣、白酒、鮮奶油各 1 杯；水 2 杯、牡蠣高湯、魚高湯各 1/2 杯；洋蔥碎、大蒜碎各 1 小匙；奶油 1/2 小匙（1 杯＝240cc）

作 法 將牡蠣煮熟取出肉，湯汁留下做牡蠣高湯，牡蠣肉切丁。將洋蔥、大蒜炒香後加入白酒煮縮至 1/3，再加入魚高湯和牡蠣高湯煮縮至 1/3，再加入鮮奶油濃縮至適當稠度後過濾，即可加入奶油和牡蠣肉。

乾煎鱈魚

材　料
鱈魚 1 片

調味料
鹽 1/8 小匙、
米酒 1/2 匙

作　法

1. 以大火乾燒鍋子至高溫，倒入 3 大匙的油後晃動一下鍋子，均勻地把熱油分布在整個鍋面，倒出剩油後轉中火，放入鱈魚片。
2. 蓋上鍋蓋煎 2-3 分鐘，等有聞到香味後，輕晃鍋子，如果魚片可以滑動，就可以進行翻面，續煎至熟就可以起鍋。

〈淋醬〉

鳳梨莎莎醬

酸 甜

使用法：淋

材　料 鳳梨、香菜、洋蔥各 1/4 杯；牛番茄 1/2 杯、檸檬汁 4 小匙、鹽 1/4 小匙、糖 1 小匙（1 杯＝ 240cc）

作　法 鳳梨、洋蔥切丁；香菜切碎。將所有材料攪拌均勻即可淋入鱈魚上。

酪梨鮮蝦莎莎醬

酸 鹹 甜

使用法：淋

材　料 酪梨、蝦子、洋蔥、香菜、牛番茄各 1/4 杯；檸檬汁 4 小匙、鹽 1/4 小匙、糖 1 小匙、黑胡椒 1 小匙、橄欖油 2 小匙（1 杯＝ 240cc）

作　法 將牛番茄去皮切丁、香菜切碎、蝦子煮熟切丁，酪梨、洋蔥切丁後，將所有材料一起攪拌均勻即可淋入鱈魚上。

覆盆子莎莎醬

酸 鹹 甜

使用法：淋

材　料 新鮮覆盆子、牛番茄、香菜各 1/4 杯；檸檬汁 4 小匙、鹽 1/4 小匙、糖 1 小匙（1 杯＝ 240cc）

作　法 將牛番茄去皮切丁、香菜切碎。把所有材料攪拌均勻即可淋入鱈魚上。

辣根醬汁

使用法：淋

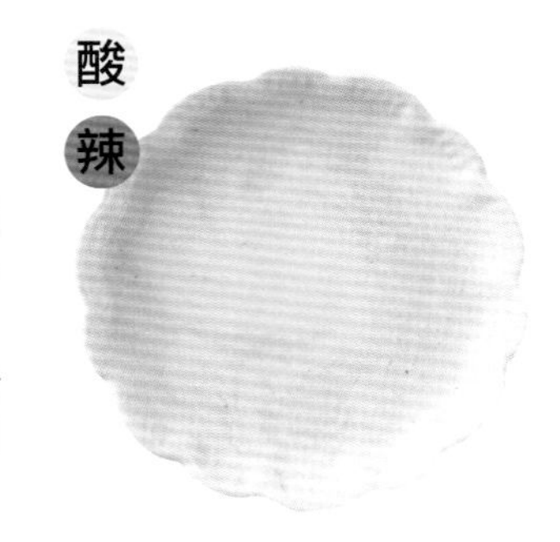

材　料 新鮮辣根碎 4 小匙、芥末 1 小匙、卡晏辣椒粉 1/2 小匙、鮮奶油 3 小匙、白酒醋 1 小匙、鹽 1/4 小匙、胡椒 1/4 小匙（1 杯＝ 240cc）

作　法 將辣根碎加入芥末、辣椒粉和鮮奶油，用打蛋器混勻材料，加白酒醋後再用打蛋器快速攪拌，以鹽、胡椒調味即可淋入鱈魚上。

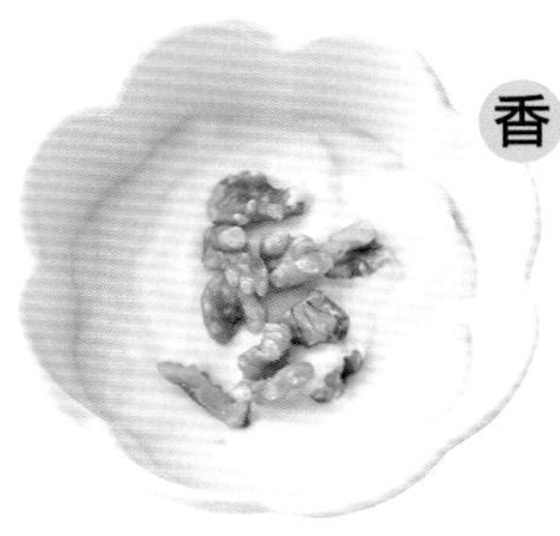

奶油核桃醬汁

使用法：淋

材　料 核桃 1/4 杯、白酒 2 杯、紅蔥頭 1 小匙、蒜頭 1/2 小匙、鮮奶油 3/4 杯、鹽 1/4 小匙（1 杯＝ 240cc）

作　法 蒜頭、紅蔥頭切片、核桃切碎。紅蔥頭、蒜片加白酒煮縮至剩 1/2 過濾，加入鮮奶油煮滾，加入核桃碎，並以鹽調味後，可搭配鱈魚片一起食用。

香橙莎莎醬

使用法：淋

材　料 柳橙、牛番茄、香菜各 1/4 杯；檸檬汁 4 小匙、鹽 1/4 小匙、糖 1 小匙（1 杯＝ 240cc）

作　法 將牛番茄、柳橙去皮切丁、香菜切碎，把所有材料攪拌均勻即可搭配鱈魚片一起食用。

藍莓莎莎醬

使用法：淋

材　料 藍莓、牛番茄、香菜各 1/4 杯；檸檬汁 4 小匙、鹽 1/4 小匙、糖 1 小匙（1 杯＝ 240cc）

作　法 將牛番茄去皮切丁、香菜切碎、藍莓切丁。把所有材料攪拌均勻即可搭配鱈魚片一起食用。

培根奶油蘑菇醬

使用法：淋

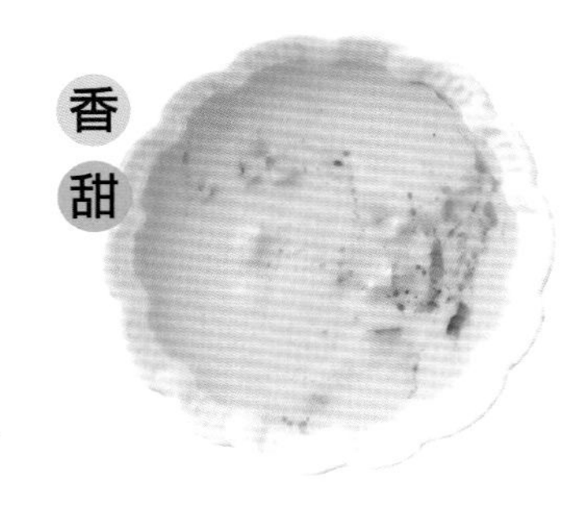

材　料 培根丁、洋蔥碎、洋菇碎各 1/4 杯；鮮奶油 1/2 杯、雞高湯 3/4 杯；奶油、鮮奶油各 1 小匙；鹽 1/4 小匙（1 杯＝ 240cc）

作　法 鍋中放入洋菇、洋蔥、培根炒香後，加入高湯煮至濃縮到一半，加入奶油、鮮奶油煮至適當稠度後，即完成。

乾煎草蝦

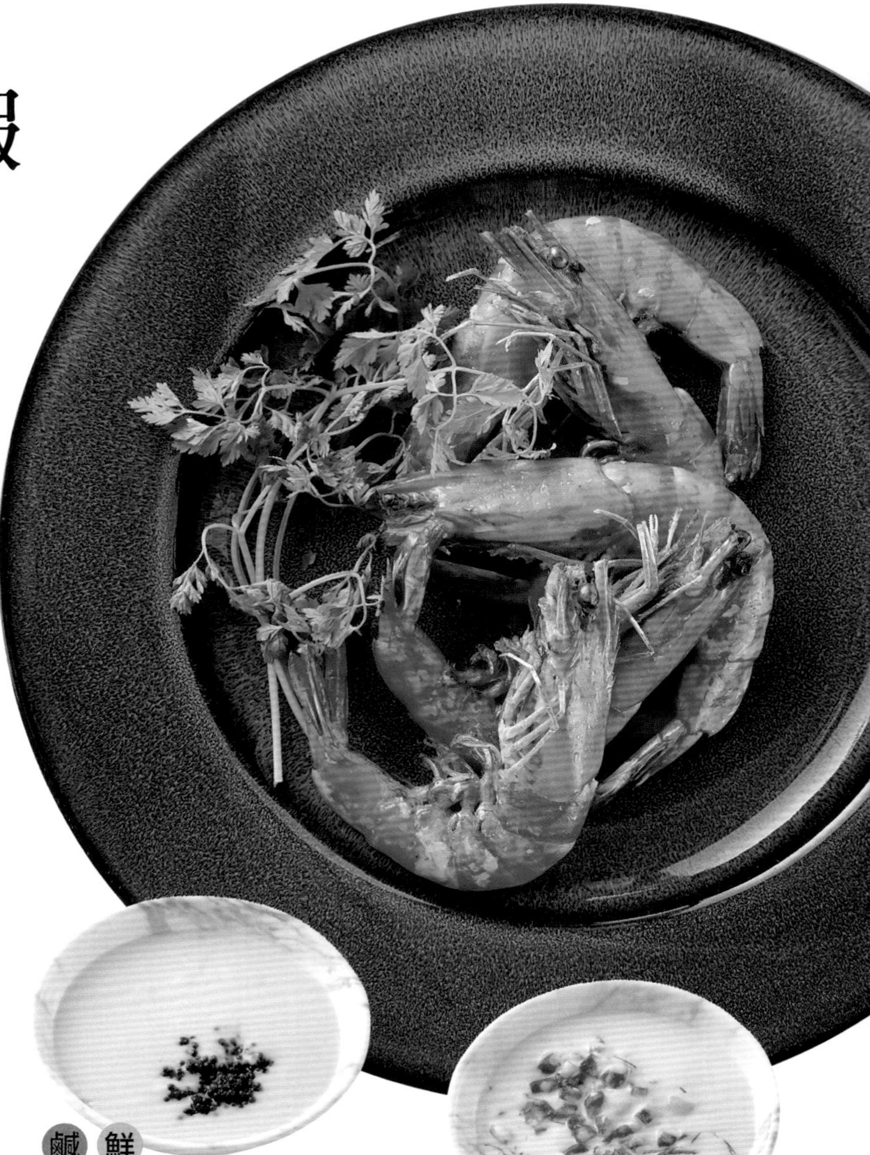

材　料
草蝦 6 隻

調味料
鹽 1/8 小匙、
米酒 1/2 匙

作　法

1. 以大火乾燒鍋子至高溫，倒入 3 大匙的油後晃動一下鍋子，均勻把熱油分布在整個鍋面，倒出剩油後轉中火，放入草蝦與調味料。
2. 蓋上鍋蓋煎 2-3 分鐘，等有聞到香味後，就可以進行翻面，直到確定熟透就可以起鍋。

〈淋醬〉

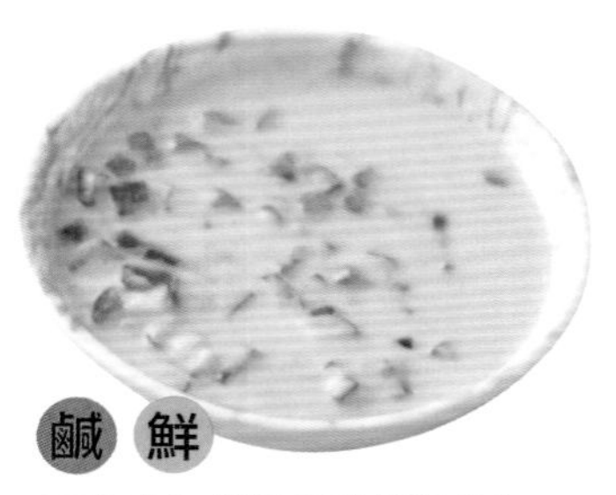

鹹　鮮

番茄櫛瓜醬汁

使用法：淋

材　料 牛番茄丁、高湯各 1 杯；綠櫛瓜丁、培根丁、洋蔥碎各 1 小匙；西芹碎、紅蘿蔔碎各 1/2 小匙；青蒜碎 1/4 小匙；鹽、奧力岡各 1/2 小匙；番茄糊、橄欖油各 1 小匙；番茄泥 2 小匙（1 杯＝ 240cc）

作　法 熱鍋炒香培根再加入洋蔥、西芹、紅蘿蔔、青蒜炒香，加入番茄糊、番茄泥、牛番茄丁炒勻，加入奧力岡和高湯熬煮半小時，撈出香料並使用果汁機打均勻，最後加入綠櫛瓜丁煮熟調味即可淋入草蝦中。

鹹　鮮

魚子醬白酒奶油醬汁

使用法：淋

材　料 魚子醬、洋蔥碎、大蒜碎各 1 小匙；白酒、鮮奶油、高湯各 1 杯；奶油 1/2 小匙；鹽、黑胡椒各 1/4 小匙（1 杯＝ 240cc）

作　法 將洋蔥、大蒜，放入鍋中炒香，加白酒煮縮至 1/3，再加入高湯煮縮至 1/3，再加入鮮奶油濃縮至適當稠度，過濾後以鹽、黑胡椒調味，再加入奶油和魚子醬，即可淋入草蝦上。

鹹　鮮

番茄茴香酒醬汁

使用法：淋

材　料 牛番茄丁 1 小匙、茴香酒 1/4 小匙、高湯 1/2 杯、鮮奶油 1/2 杯、白酒 1/2 杯、巴西里葉碎 1/2 小匙（1 杯＝ 240cc）

作　法 將白酒煮至縮成 1/3，加魚高湯再縮至 1/3，最後加入鮮奶油濃縮到適當稠度，加入牛番茄丁、巴西里碎和茴香酒即可。

鹹 鮮 香 酸

番茄檸檬莎莎醬

使用法：淋

材　料 牛番茄 3/4 杯、檸檬汁 4 小匙；洋蔥、香菜各 1/4 杯；鹽 1/4 小匙、糖 1 小匙（1 杯＝240cc）

作　法 將洋蔥、香菜切碎；牛番茄去皮切丁；把所有材料攪拌均勻即可淋入草蝦上。

鹹 酸

玉米莎莎醬

使用法：淋

材　料 玉米、牛番茄各 1/2 杯；檸檬汁 4 小匙、洋蔥 1/4 杯、鹽 1/4 小匙、糖 1 小匙（1 杯＝240cc）

作　法 將洋蔥切碎、牛番茄去皮切丁。所有材料攪拌均勻即可使用。

鹹 酸

番茄蘑菇培根醬汁

使用法：淋

材　料 牛番茄丁 1 杯；蘑菇片、培根丁、洋蔥碎 1 小匙；西芹碎、紅蘿蔔碎、青蒜碎各 1/4 小匙；高湯 1 杯；鹽、奧力岡各 1/2 小匙；番茄糊、橄欖油各 1 小匙；番茄泥 2 小匙（1 杯＝240cc）

作　法 熱鍋加入橄欖油炒香培根，加入洋蔥、西芹、紅蘿蔔、青蒜炒香，再加入番茄糊、番茄泥、牛番茄丁炒勻，加入奧力岡和高湯熬煮半小時後使用果汁機打均勻，再加入蘑菇片回煮至熟，以鹽調味即可使用。

香 鹹 酸

香菜番茄莎莎醬

使用法：淋

材　料 香菜碎、牛番茄丁各 1/2 杯；檸檬汁 4 小匙、洋蔥碎 1/4 杯、鹽 1/4 小匙、 糖 1 小匙（1 杯＝240cc）

作　法 把所有材料攪拌均勻即可搭配草蝦一起食用。

鹹 辣 酸

紫蘇冰梅醬 使用法：沾

材　料 紫蘇梅 4 個、辣椒末 1 小匙

調味料 紫蘇梅汁 1 大匙、醬油 1 小匙、味醂 1 大匙、糖 2 小匙

作　法 紫蘇梅去籽切末。所有材料與調味料攪拌均勻即可。

鹹 香

乾燒醬 使用法：燒煮

材　料 酒釀 1 大匙、蔥末 2 小匙、薑末 1/2 小匙、蒜末 1 小匙、辣椒末 1 小匙

調味料 番茄醬 2 小匙、糖 1 大匙、辣椒醬 1 大匙、醬油 1 大匙、香油 2 小匙

作　法 所有材料與調味料攪拌均勻，放入煎好的黃魚一起燒煮即可。

鹹 香 甜

洋蔥茄汁醬 使用法：燒煮

材　料 洋蔥末 2 大匙、蔥末 1 小匙

調味料 番茄醬 3 大匙、糖 1 大匙、蝦油 1 大匙、白胡椒粉 1/4 小匙、香油 2 小匙

作　法 所有材料與調味料攪拌均勻，放入煎好的黃魚一起燒煮即可。

乾煎黃魚

材　料 黃魚 1 隻

調味料 鹽 1/8 小匙、米酒 1/2 匙

作　法

1. 以大火乾燒鍋子至高溫，倒入 3 大匙的油後晃動一下鍋子，均勻地把熱油分布在整個鍋面，倒出剩油後轉中火，放入黃魚。
2. 蓋上鍋蓋煎 2-3 分鐘，等有聞到香味後，輕晃鍋子，如果可以滑動，就可以進行翻面，續煎確定煎熟就可以起鍋。

鹹 鮮

白酒蛤蜊淋醬

使用法：淋

材 料 蛤蜊、白酒、鮮奶油各 1 杯；魚高湯、蛤蜊高湯各 1/2 杯；洋蔥碎、大蒜碎各 1 小匙；奶油 1/2 小匙；鹽、黑胡椒各 1/4 小匙（1 杯＝ 240cc）

作 法 將蛤蜊煮熟取出肉，湯汁留下做蛤蜊高湯，炒香洋蔥、大蒜後加入白酒煮縮至 1/3，再加入魚高湯和蛤蠣高湯煮縮至 1/3，再加入鮮奶油濃縮至適當稠度過濾，即可以鹽、黑胡椒調味加入奶油和蛤蜊肉。

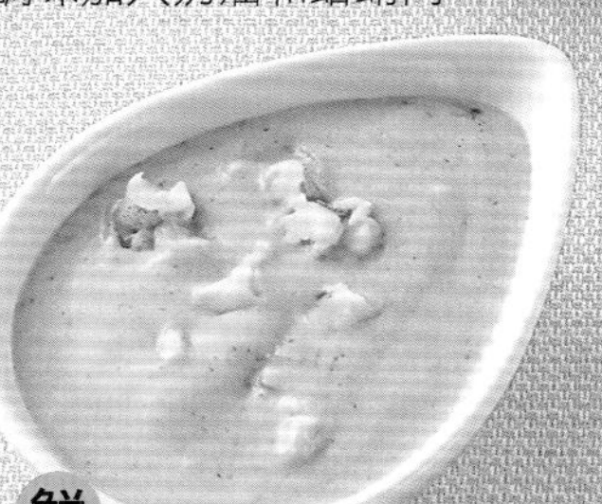

牡蠣香檳淋醬

使用法：淋

鹹 鮮

材 料 牡蠣、白酒、鮮奶油各 1 杯；水 2 杯；牡蠣高湯、魚高湯各 1/2 杯；洋蔥碎、大蒜碎各 1 小匙；奶油 1/2 小匙（1 杯＝ 240cc）

作 法 將牡蠣煮熟取出肉、切丁，湯汁留下做牡蠣高湯。將洋蔥、大蒜炒香加入白酒煮縮至 1/3，再加入魚高湯和牡蠣高湯縮至 1/3，繼續加入鮮奶油濃縮至適當稠度後過濾，加入奶油、白酒和牡蠣肉即完成。

鹹 鮮

蝦醬

使用法：淋

材 料 蝦殼 4 杯；油、茴香頭各 1/4 杯；洋蔥、西芹、牛番茄各 2 杯；魚高湯 6 杯；茴香酒、白蘭地、奶油、鹽各 1 小匙（1 杯＝ 240cc）

作 法 洋蔥、西芹、牛番茄、茴香頭切小塊。熱鍋炒蝦殼；另一鍋炒番茄、洋蔥、西芹、茴香頭，炒至微軟倒入蝦殼的鍋中。加入魚高湯煮 30 分鐘後過濾，再次煮滾加入茴香酒、白蘭地煮縮至適當的稠度加入奶油、鹽調味。

鹹 鮮

蒔蘿扇貝淋醬

使用法：淋

材 料 扇貝、白酒、鮮奶油各 1 杯；魚高湯、扇貝高湯各 1/2 杯；洋蔥碎、大蒜碎、蒔蘿各 1 小匙；奶油 1/2 小匙；鹽、黑胡椒各 1/4 小匙（1 杯＝ 240cc）

作 法 將扇貝煮熟取出肉、切丁，湯汁留下做扇貝高湯。將洋蔥、大蒜炒香加入白酒煮縮至 1/3，再加入魚高湯和扇貝高湯煮縮至 1/3，最後加入鮮奶油濃縮至適當稠度，過濾後以鹽、黑胡椒調味，加入奶油、蒔蘿和扇貝肉即完成。

酸 鮮

香菜番茄莎莎醬

使用法：淋

材 料 香菜、牛番茄各 1/2 杯；檸檬汁 4 小匙；洋蔥 1/4 杯、鹽 1/4 小匙、糖 1 小匙（1 杯＝ 240cc）

作 法 將洋蔥和香菜切碎、牛番茄去皮切丁。將所有材料一起均勻即可。

香煎鮮干貝

材　料　干貝 5 個、油 1 小匙

作　法

1. 干貝用擦手紙吸乾水分。
2. 將干貝煎至兩面金黃，即可沾或淋醬食用。

〈沾醬、淋醬〉

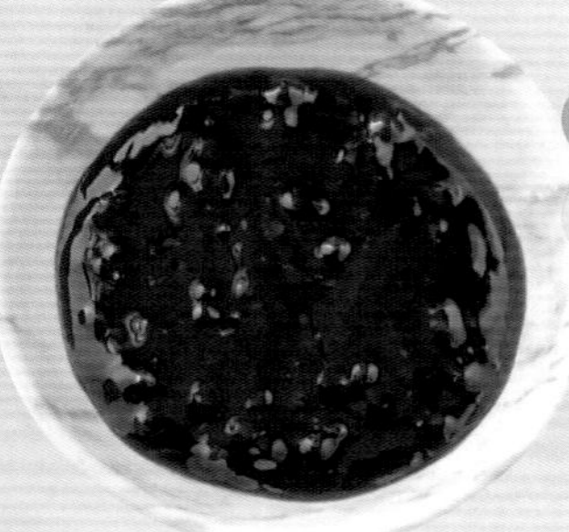

甜酸　桑椹莓果醬　使用法：沾

材　料 蔓越莓乾碎 1 大匙、蜂蜜 1 大匙、桑椹汁 1/2 杯、檸檬汁 1/4 杯（1 杯＝240cc）

作　法 所有材料加熱至濃縮後放涼，即可搭配煎好的干貝一起食用。

甜辣　芥末起司醬　使用法：沾

材　料 山葵粉 50 克、美乃滋 2 大匙；起司粉、澄清奶油各 5 克；常溫開水 75 克

作　法 山葵粉加水拌勻，封保鮮膜靜置 10 分鐘。把所有材料拌勻，即可搭配煎好的干貝一起食用。

酸鮮　番茄檸香莎莎醬　使用法：淋

材　料 牛番茄 3/4 杯、檸檬汁 4 小匙；洋蔥、香菜各 1/4 杯；鹽 1/4 小匙、糖 1 小匙（1 杯＝240cc）

作　法 將洋蔥、香菜切碎；牛番茄去皮切丁。把所有材料全部拌勻即可。

酸鮮　玉米洋蔥莎莎醬　使用法：淋

材　料 玉米、牛番茄各 1/2 杯；檸檬汁 4 小匙、洋蔥 1/4 杯、鹽 1/4 小匙、糖 1 小匙（1 杯＝240cc）

作　法 將洋蔥切碎、牛番茄去皮切丁。將所有材料全部拌勻即可。

馬告醬 使用法：沾

鹹香

材 料 奶油 2 大匙、馬告碎 2 大匙、洋蔥碎 30 克、糖 3 大匙、老抽 1 大匙、蠔油 1/2 杯（1 杯＝240cc）

作 法 熱鍋下奶油炒化，加入洋蔥爆香，再加入其餘材料拌勻，即可搭配煎好的干貝一起食用。

海味蒜茸醬 使用法：沾

香

材 料 蒜仁 100 克、開陽 1 小匙

調味料 糖、鹽、蒜油各 1/4 小匙；醬油、醬油膏各 2 大匙、魚露 1 大匙、紹興酒 2 小匙、米酒 1 大匙

作 法 蒜仁切成蒜末後洗淨，炸至金黃色。開陽煸香剁成細末。最後把所有材料、調味料拌勻搭配干貝食用。特別注意：蒜頭須先清洗過，避免炸時產生苦味。

薑汁檸檬汁醬 使用法：沾

酸

材 料 檸檬葉 2 片、薑泥 1 大匙、糖 1/2 小匙、鹽 1/4 小匙、胡椒粉少許、檸檬汁 3/4 杯

作 法 檸檬葉切末，和所有材料拌勻，即可搭配煎好的干貝一起食用。

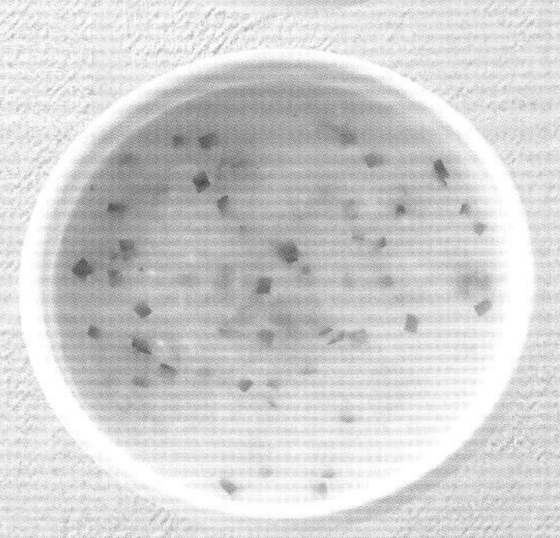

蒜茸辣醬 使用法：沾

辣

材 料 紅辣椒碎 50 克、蒜碎 80 克、沙拉油 1 大匙

調味料 魚露 1 大匙、鹽 1 小匙、糖 1 小匙、醬油膏 2 大匙

作 法 熱鍋加入 1 大匙的油燒熱，加蒜碎炒香，加入辣椒拌炒 3-5 分鐘，加入調味料拌勻即可搭配煎好的干貝一起食用。

薄荷香檸醬 使用法：沾

材 料 薄荷 5 克、洋蔥 30 克、糖 2 大匙、薄荷醬 2 大匙、檸檬汁 1/2 杯

作 法 薄荷切碎，加其餘材料加熱至糖融化，即可搭配煎好的干貝一起食用。

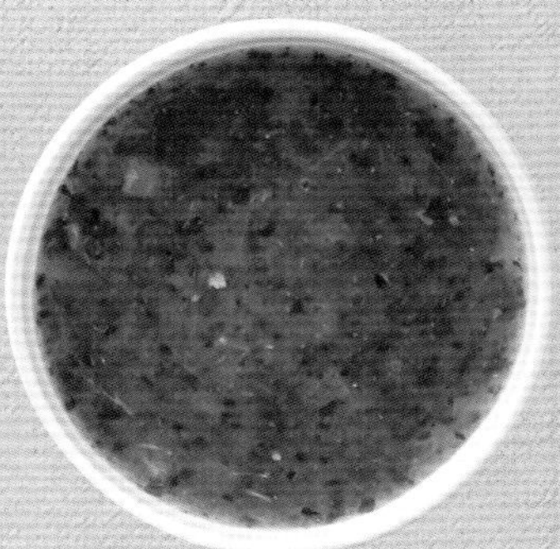

香煎明蝦

材　料　明蝦 10 隻

調味料　白蘭地 2 小匙、鹽、胡椒適量

作　法　蝦子洗淨去腸泥，醃入白蘭地及鹽 & 胡椒。熱鍋下 1 大匙的油，將蝦子兩面煎至全熟即可取出搭配醬料食用。

〈沾醬、混搭醬料〉

酸辣　是拉差酸辣醬

使用法：沾

材　料　蒜末 1 小匙、辣椒末 1 小匙、香菜末 1.5 匙

調味料　是拉差辣醬 1 大匙、飲用水 1/2 杯、白醋 1 小匙、糖 2 小匙、魚露 1.5 匙、鹽 1/4 小匙（1 杯＝ 240cc）

作　法　將材料跟調味料攪拌均勻即可搭配明蝦食用。

鮮鹹　柱侯叉燒醬　使用法：拌

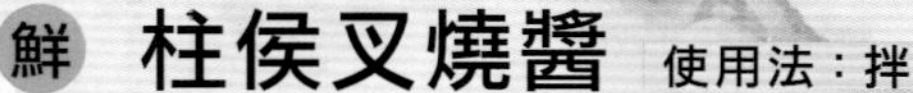

材　料　蒜末、薑末各 1 小匙；油 1 大匙

調味料　水 1 杯；醬油、糖各 2 小匙；蠔油 1 大匙、柱侯醬 1.5 匙、白胡椒粉 1/4 小匙、香油 1 小匙。（1 杯＝ 240cc）

作　法　鍋中放入油，將蒜，薑爆香後，再將調味料加入煮滾，可與煎好明蝦拌勻。

鮮 辣

血腥瑪莉莎醬 使用法：拌

材 料 牛番茄 3/4 杯；蒜碎、蔥碎、番茄汁各 1 小匙；西芹碎 1/4 杯、檸檬汁 4 小匙；辣醬油、美國辣椒汁、伏特加酒、鹽、黑胡椒各 1/4 小匙；辣根醬 1/2 小匙、糖 1 小匙（1 杯＝ 240cc）

作 法 將牛番茄去皮切丁、蒜頭、蔥、西芹切碎、蒜頭、蔥、西芹切碎後所有材料拌勻即完成。

鮮 酸

椰肉鳳梨莎莎醬 使用法：拌

材 料 椰肉碎、鳳梨丁各 1/4 杯；檸檬皮、鹽各 1/4 小匙；檸檬汁、香菜碎、糖各 1 小匙；酸奶 3 小匙（1 杯＝ 240cc）

作 法 將所有材料拌勻即完成。

酸 辣

辣椒洋蔥莎莎醬 使用法：拌

材 料 辣椒 1 杯、牛番茄 1/2 杯、檸檬汁 4 小匙、洋蔥 1/4 杯、鹽 1/4 小匙、 糖 1 小匙（1 杯＝ 240cc）

作 法 將辣椒燒黑去皮切丁、牛番茄去皮切丁、洋蔥切碎後，把所有材料拌勻即可。

鮮 辣

甜椒莎莎拌醬 使用法：拌

材 料 紅、黃甜椒、牛番茄各 1/2 杯；紅辣椒、橄欖油各 1 小匙；香菜 1/4 杯、紅酒醋 1/2 小匙；鹽、黑胡椒各 1/4 小匙；糖 1 小匙（1 杯＝ 240cc）

作 法 將牛番茄去皮切丁，紅黃甜椒燒黑去皮切丁，香菜、辣椒切碎後，把所有材料拌勻即可。

辣 鹹 甜

香蕉莎莎拌醬 使用法：拌

材 料 香蕉 3/4 杯；香菜、糖各 1 小匙；鹽、橄欖油各 1/2 小匙；黑胡椒、辣椒粉各 1/4 小匙（1 杯＝ 240cc）

作 法 香蕉帶皮以 150°C 烘烤 5 分鐘後，去皮切塊、用果汁機打成泥。香菜切碎。將所有材料攪拌均勻即可使用。

水煮白蝦

材　料
白蝦 300 克、
薑絲 5 克、
蔥段 5 克

調味料
米酒 1 大匙、
白醋 1 小匙

作　法
1. 白蝦清洗乾淨，剪去鬚刺，用牙籤於背部挑除腸泥。
2. 水 2000 cc 放入蔥、薑，大火燒開，加入調味料。
3. 放入白蝦後關火，浸泡 3 分鐘。
4. 煮熟後撈起瀝乾，即可搭配沾醬食用。

〈沾醬、混搭醬料〉

\ 魚露醬 /

鹹 鮮

使用法：沾

材　料 蔥絲 10 克、辣椒絲 5 克

調味料 水 1/2 杯；醬油、魚露、糖各 1 小匙；美極 1 又 1/4 匙 (1 杯 =240cc)

作　法 將全部的調味料加在一起煮滾，再把蔥絲跟辣椒絲加入即完成。

\ 奶油生抽醬 /

鹹 香

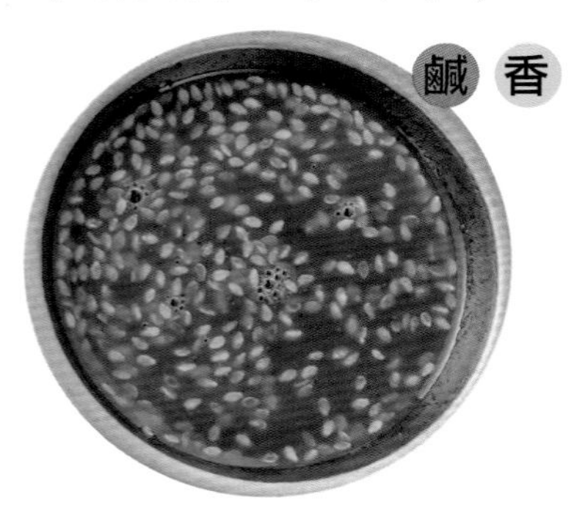

使用法：燒煮

材　料 白芝麻 1.5 小匙、奶油 1 小匙、水 1/2 杯；醬油、糖各 1 大匙；美極 1.5 匙

作　法 鍋子下奶油後，將其他材料拌勻倒入再將蝦子一起加入鍋裡，等到醬汁收乾蝦子燒至入味即完成。

蒜茸拌醬

鹹 香

使用法：拌

材　料 蒜末 2 大匙、油蔥酥末 2 小匙
調味料 米酒、香油各 1 小匙；飲用水 2 大匙、醬油膏 3 大匙、糖 1 大匙
作　法 所有材料與調味料攪拌均勻即可與白蝦一起拌食。

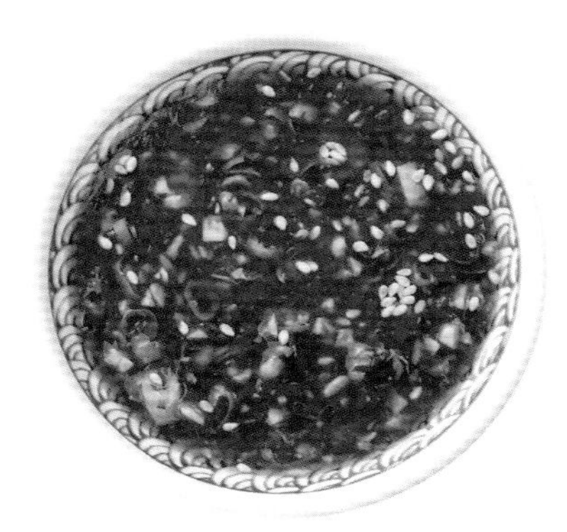

芝麻檸檬沾醬

鹹 酸

使用法：沾

材　料 蒜末、辣椒末、蔥花各 1 小匙；熟白芝麻 1 又 1/4 匙
調味料 檸檬汁 1 大匙、醬油膏 2 大匙、糖 2 小匙、香油 1.5 匙
作　法 將材料跟調味料全部拌勻即可使用。

芥末拌醬

鹹 辣

使用法：沾

材　料 山葵 1 大匙
調味料 米酒 1 大匙、飲用水 2 大匙、素蠔油 3 大匙、味醂 1 小匙
作　法 所有材料與調味料攪拌均勻即可。

椒鹽沾拌醬

香 辣

使用法：拌

材　料 蒜末 1 大匙
調味料 白胡椒粉 2 大匙、椒鹽粉 1 大匙、米酒 1 大匙、鹽 1/2 小匙
作　法 所有材料與調味料攪拌均勻即可與白蝦一起拌食。

水煮明蝦

材　料
明蝦 300 克、
薑絲 5 克、
蔥段 5 克

調味料
米酒 1 大匙、
白醋 1 小匙

作　法

1. 明蝦清洗乾淨，剪去鬚刺，用牙籤於背部挑除腸泥。
2. 水 2000 cc 放入蔥、薑，大火燒開，加入調味料。
3. 放入明蝦後關火，浸泡 4 分鐘。
4. 煮熟後撈起瀝乾，即可搭配沾醬食用。

〈沾醬、混搭醬料〉

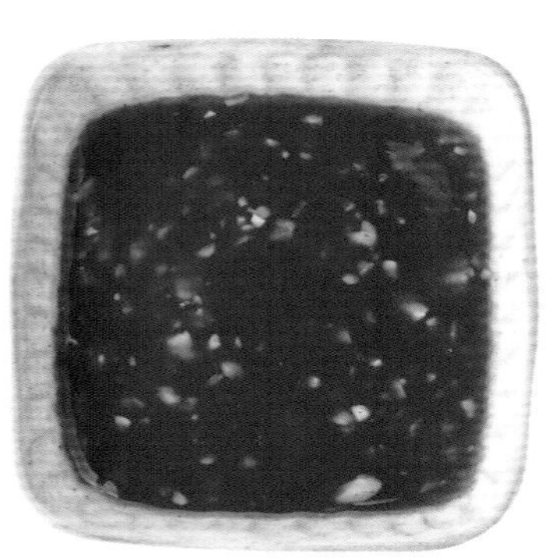

酸 辣

是拉差酸辣沾醬

使用法：沾

材　料 蒜末、辣椒末各 1 小匙；香菜末 1.5 匙
調味料 是拉差辣醬 1 大匙、飲用水 1/2 杯、白醋 1 小匙、糖 2 小匙、魚露 1.5 小匙、鹽 1/4 小匙
作　法 將材料跟調味料攪拌均勻即可。特別注意水要用飲用水，不可使用自來水。

酸 甜

薄荷酸甜醬

使用法：沾 、淋

材　料 薄荷葉碎 5 克；辣椒末、洋蔥末、蒜末各 1.5 匙
調味料 飲用水 1/2 杯、白醋 2 小匙、糖 1 大匙、鹽 1/4 小匙、檸檬汁 1 小匙
作　法 將材料跟調味料攪拌均勻即可。

酸 甜

桑椹醋沾淋醬

使用法：沾、淋

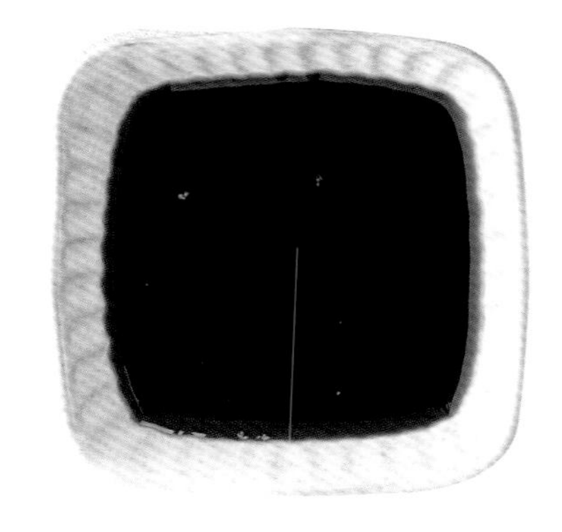

材　料 桑椹果醬 2 大匙、白醋 3 大匙、果糖 1.5 匙

作　法 把所有材料攪拌均勻即可使用。

辣 香

辣味乾燒醬

使用法：燒

材　料 蒜末 1.5 匙、洋蔥末 1 小匙、辣椒末 1 又 1/4 匙、油 1 大匙

調味料 水 1/2 杯；酒釀、油各 2 小匙；豆瓣醬、太白粉水、糖各 1 小匙；番茄醬 1 大匙、鹽 1 又 1/4 匙

作　法 鍋中放入 1 大匙的油炒香蒜末、洋蔥末、辣椒末，再依序加入豆瓣醬、番茄醬、酒釀一同炒香，再將其他的調味料一同加入煮滾，即可把蝦子放入乾燒醬中煮一下，就可以勾芡起鍋。

酸 甜 鹹

海味三杯醬

使用法：燒、煮

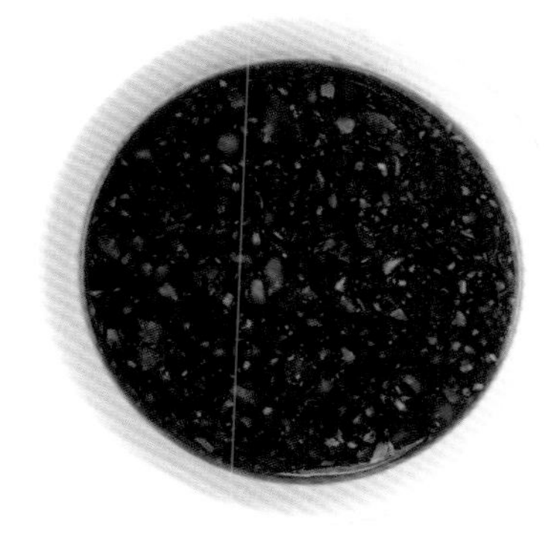

材　料 蒜末 1 大匙；薑末、辣椒末、九層塔末各 1 小匙

調味料 醬油 1 大匙；素蠔油、米酒各 2 大匙；糖 1.5 大匙

作　法 所有材料與調味料攪拌均勻，加入煮熟的明蝦一起燒煮即可。

酸 甜 鹹 辣 香

五味沾醬

使用法：沾、淋

材　料 蔥末、薑末、蒜末、辣椒末、香菜末各 1 小匙

調味料 番茄醬 4 大匙；糖、白醋各 1 大匙；醬油膏、香油各 2 小匙

作　法 所有材料與調味料攪拌均勻即可。做好的醬料冷藏 1 天風味更佳，用於各種海鮮的水煮或清蒸、沾食都很對味。

透抽冷盤

材　料
透抽 300 克、
薑片 5 克、
蔥段 5 克

調味料
米酒 1 大匙、
白醋 1 小匙

作　法

1. 透抽清洗乾淨，將頭與身體分開，拔去透明骨頭，挑除墨囊內臟。
2. 水 2000 cc 放入蔥、薑，大火燒開，加入調味料。
3. 放入透抽後關火，浸泡 4 分鐘。
4. 煮熟後撈起泡冰水冷卻後瀝乾，切片擺盤，即可搭配沾醬食用。

〈沾醬〉

花椒麻醬

使用法：沾

材　料 花椒粉 1 又 1/4 匙
調味料 醬油膏 1 大匙、醬油 1 大匙、糖 2 小匙、白醋 2 小匙、烏醋 1 小匙、辣油 1.5 匙
作　法 將材料跟調味料攪拌均勻即可。

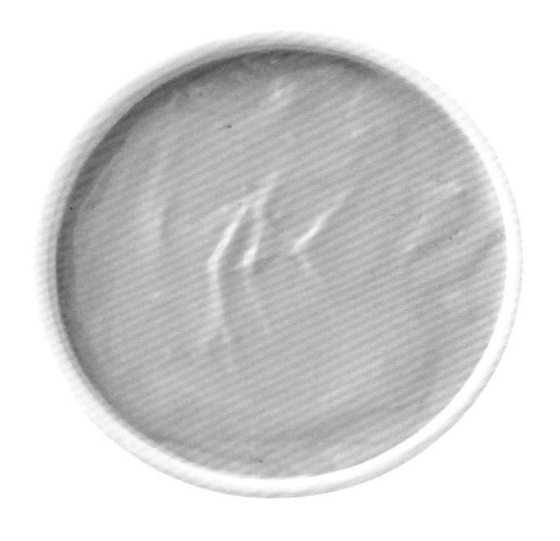

鹹 香

胡麻沾淋醬

使用法：沾

材　料 白芝麻 1 小匙
調味料 飲用水 1/2 杯、胡麻醬 1 大匙、醬油 1 小匙、糖 2 小匙、白醋 1 小匙（1 杯＝ 240cc）
作　法 將材料跟調味料攪打均勻即可。

酸 辣

泰式沾醬

使用法：沾

材　料　蒜頭末 1.5 匙；泰國椒碎、香菜末各 1 又 1/4 匙

調味料　燒雞醬 3 大匙、白醋 1 大匙、魚露 1 小匙、檸檬汁 1.5 匙

作　法　將材料跟調味料攪拌均勻即可。

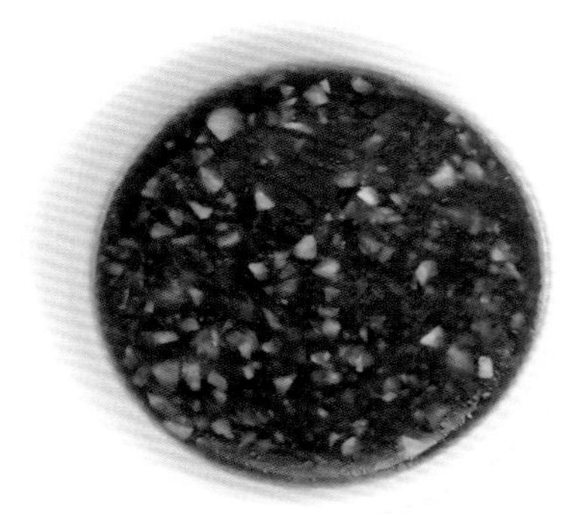

鹹 香

蒜香沾醬

使用法：沾

材　料　蒜末 2 小匙

調味料　飲用水 2 大匙、醬油膏 2 大匙、糖 1 大匙、香油 1 小匙

作　法　將材料跟調味料攪拌均勻即可。

甜 辣

蒜蓉辣椒醬

使用法：沾

材　料　蒜末 1 小匙、薑末 1 小匙

調味料　飲用水 1 大匙、東泉辣淑醬 2 大匙、白醋 1 小匙、糖 1 小匙、辣油 1 小匙

作　法　將材料跟調味料攪拌均勻即可。

辣 鹹

麻辣醬

使用法：沾

材　料　蒜末 1 小匙、薑末 1 小匙

調味料　醬油膏 2 大匙、白醋 1 大醋、辣椒醬 1.5 匙、辣油 1 小匙、花椒油 1 小匙、糖 2 小匙

作　法　將材料跟調味料攪拌均勻即可。

燙煮軟絲

材　料　軟絲 1 隻

調味料　月桂葉末 1/4 小匙、水 5 杯、鹽 2 小匙

作　法

1. 軟絲洗淨去內臟備用。
2. 鍋中放入水、月桂葉、鹽一起煮滾，放入軟絲煮熟即可撈出切段盛盤。

酸 辣

烤甜椒莎莎沾醬

使用法：沾

材 料 紅、黃甜椒、牛番茄各 1/2 杯；紅辣椒、橄欖油、糖各 1 小匙；香菜 1/4 杯、紅酒醋 1/2 小匙；鹽、黑胡椒各 1/4 小匙（1 杯＝ 240cc）

作 法 將牛番茄去皮切丁、紅黃甜椒燒黑去皮切丁、香菜和辣椒切碎。把所有材料及調味料一起拌勻後即可使用。

酸

酸奶椰肉莎莎醬

使用法：沾

材 料 椰子、鳳梨各 1/4 杯；檸檬汁 1 小匙、酸奶 3 小匙；香菜、糖各 1 小匙；鹽 1/4 小匙（1 杯＝ 240cc）

作 法 將椰肉挖出切碎、香菜切碎、鳳梨去皮切丁。所有材料拌勻即可。

甜 酸 辣

香蕉莎莎辣醬

使用法：沾

材 料 香蕉 3/4 杯、香菜碎 1 小匙、鹽 1/2 小匙；黑胡椒、辣椒粉各 1/4 小匙；橄欖油 1/2 小匙、糖 1 小匙（1 杯＝ 240cc）

作 法 將香蕉帶皮烘烤 150°C，25 分鐘後，將香蕉去皮、切塊，用果汁機打成泥。把所有材料攪拌均勻即可。

酸 辣

血腥瑪莉莎莎醬 使用法：沾

材 料 牛番茄 3/4 杯；蒜頭、蔥、番茄汁、糖各 1 小匙；西芹 1/4 杯、檸檬汁 4 小匙；辣醬油、美國辣椒汁、伏特加酒、鹽、黑胡椒各 1/4 小匙；辣根醬 1/2 小匙（1 杯＝ 240cc）

作 法 將牛番茄去皮切丁，蒜頭、蔥、西芹切碎後，把所有材料拌勻即完成。

酸 辣

辣椒檸檬莎莎醬 使用法：沾

材 料 辣椒 1 杯、牛番茄 1/2 杯、檸檬汁 4 小匙、洋蔥 1/4 杯、鹽 1/4 小匙、糖 1 小匙（1 杯＝ 240cc）

作 法 將辣椒燒黑去皮切丁、牛番茄去皮切丁、洋蔥切碎。將所有材料全部拌勻即可。

燙煮小章魚

材　料　小章魚 10 隻、月桂葉 1/4 小匙、水 5 杯、鹽 1/4 小匙

作　法

1. 先將小章魚洗淨後去內臟備用。
2. 鍋中放入水、月桂葉、鹽煮滾，放入小章魚煮熟即可。

〈沾醬、淋醬〉

酸

覆盆子香檸莎莎醬

使用法：沾、淋

材 料 新鮮覆盆子 1/4 杯、牛番茄 1/4 杯、香菜 1/4 杯、檸檬汁 4 小匙、鹽 1/4 小匙、糖 1 小匙（1 杯＝240cc）

作 法 將牛番茄去皮切丁、香菜切碎、覆盆子切丁。所有材料攪拌均勻即可。

酸

青蘋果香檸莎莎醬

使用法：沾、淋

材 料 青蘋果 1/4 杯、柳橙 1/4 杯、檸檬汁 4 小匙、洋蔥 1/4 杯、香菜 1/4 杯、 牛番茄 1/4 杯 、鹽 1/4 小匙、糖 1 小匙（1 杯＝240cc）

作 法 將洋蔥切碎、牛番茄去皮切丁、青蘋果和柳橙切丁。所有材料攪拌均勻即可使用。

酸 甜

草莓香檸莎莎醬

使用法：沾、淋

材 料 草莓 1/4 杯、牛番茄 1/4 杯、香菜 1/4 杯、檸檬汁 4 小匙、鹽 1/4 小匙、 糖 1 小匙（1 杯＝240cc）

作 法 將牛番茄去皮切丁、香菜切碎、草莓切丁。把所有材料一起拌勻即可使用。

鹹 鮮

香瓜莎莎淋醬

使用法：沾、淋

材 料 香瓜 1/4 杯、松子 1/4 杯、香菜 1/4 杯、牛番茄 1/4 杯、鹽 1/4 小匙、糖 1 小匙（1 杯＝240cc）

作 法 松子放入已預熱烤箱中，以 150°C 烤 10 分鐘，取出掉頭續烤 5 分鐘，取出。牛番茄去皮切丁、香瓜切丁、香菜切碎。將所有材料一起拌勻即可。

酸

藍莓莎莎沾淋醬

使用法：沾、淋

材 料 藍莓 1/4 杯、牛番茄 1/4 杯、香菜 1/4 杯、檸檬汁 4 小匙、鹽 1/4 小匙、糖 1 小匙（1 杯＝240cc）

作 法 將牛番茄去皮切丁、香菜切碎、藍莓切丁。把所有材料攪拌均勻即可使用。

燙煮小卷

材　料　小卷 300 克、薑片 5 克、蔥段 5 克

調味料　米酒 1 大匙、白醋 1 小匙

作　法

1. 小卷清洗乾淨。

2. 鍋中放入 2000 cc 的水，放入蔥、薑，大火燒開，加入調味料。

3. 放入小卷後關火，浸泡 4 分鐘。

4. 煮熟後撈起泡冰水冷卻後瀝乾、擺盤，即可搭配沾醬食用。

酸 鮮

柳橙莎莎醬

使用法：沾、淋

材 料 柳橙 1/4 杯、牛番茄 1/4 杯、香菜 1/4 杯、檸檬汁 4 小匙、鹽 1/4 小匙、糖 1 小匙（1 杯＝240cc）

作 法 將牛番茄去皮切丁、香菜切碎、柳橙切丁。所有材料一起拌勻即可。

酸 甜

酪梨鮮蝦莎莎醬

使用法：沾、淋

材 料 酪梨 1/4 杯、蝦子 1/4 杯、檸檬汁 4 小匙、洋蔥 1/4 杯、香菜 1/4 杯、牛番茄 1/4 杯、鹽 1/4 小匙、糖 1 小匙、黑胡椒 1 小匙、橄欖油 2 小匙（1 杯＝240cc）

作 法 將牛番茄去皮切丁、香菜切碎、蝦子煮熟後切丁、酪梨、洋蔥切丁。將所有材料一起拌勻即可。

酸 甜

芒果香檸莎莎醬

使用法：沾、淋

材 料 芒果 1/4 杯、牛番茄 1/2 杯、檸檬汁 4 小匙、洋蔥 1/4 杯、香菜 1/4 杯、鹽 1/4 小匙、糖 1 小匙（1 杯＝240cc）

作 法 將洋蔥、香菜切碎、將牛番茄去皮後切丁、芒果切丁。把所有材料一起拌勻即可。

酸

鳳梨番茄莎莎醬

使用法：沾、淋

材 料 鳳梨 1/4 杯、牛番茄 1/2 杯、檸檬汁 4 小匙、洋蔥 1/4 杯、香菜 1/4 杯、 鹽 1/4 小匙、糖 1 小匙（1 杯＝240cc）

作 法 鳳梨、洋蔥切丁、香菜切碎。將所有材料攪拌均勻即完成。

燙煮鮑魚

材　料

鮑魚 300 克、薑片 5 克、蔥段 5 克

調味料

米酒 1 大匙、白醋 1 小匙

作　法

1. 鮑魚刷洗乾淨。
2. 鍋中放入2000 cc的水，放入蔥、薑，大火燒開，加入調味料。
3. 放入鮑魚後關火，浸泡 8 分鐘。
4. 煮熟後撈起泡冰水冷卻後瀝乾，放入盤中，即可搭配沾醬食用。

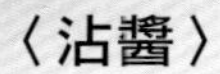

〈沾醬〉

蠔味辣椒醬

使用法：沾

材　料 蔥末 1 小匙辣椒末 1 小匙、紅蔥頭末 1 小匙

調味料 蠔油 2 大匙、是拉差辣椒醬 1 小匙、魚露 1 大匙、糖 1 小匙、蘋果醋 1 小匙

作　法 所有材料與調味料攪拌均勻即可。

香

胡麻沾醬

使用法：沾

材　料 白芝麻 1 小匙

調味料 飲用水 1/2 杯、胡麻醬 1 大匙、醬油 1 小匙、糖 2 小匙、白醋 1 小匙

作　法 將材料跟調味料攪打均勻即可。

蒔蘿扇貝沾醬

鹹 香

使用法：沾

材 料 扇貝、白酒、鮮奶油各 1 杯；魚高湯、扇貝高湯各 1/2 杯；洋蔥碎、大蒜碎、蒔蘿碎各 1 小匙；奶油 1/2 小匙；鹽、黑胡椒各 1/4 小匙（1 杯＝ 240cc）

作 法 將扇貝以 2 杯水煮熟後取出肉、切丁，湯汁留下做扇貝高湯。將洋蔥、大蒜炒香，加入白酒煮縮至 1/3，再加入魚高湯和扇貝高湯煮縮至 1/3，再加入鮮奶油濃縮至適當稠度，過濾即可調味加入奶油、蒔蘿和扇貝肉。

蛤蜊番茄沾醬

鹹 香 酸

使用法：沾

材 料 蛤蜊、牛番茄各 1 杯；魚高湯 3 杯、洋蔥碎 1/4 杯、奶油 1 小匙、鹽 1 小匙（1 杯＝ 240cc）

作 法 蛤蜊吐砂後加入 2 杯水，煮成蛤蜊高湯，取出蛤蜊肉；牛番茄切小丁與洋蔥一起炒香後加入魚高湯煮滾過濾。加入蛤蜊高湯和蛤蜊肉再次煮滾後，加入奶油及鹽調味即完成。

番茄茴香酒沾醬

鹹 香

使用法：沾

材 料 牛番茄 1 小匙、茴香酒 1/4 小匙；魚高湯、鮮奶油、白酒各 1/2 杯；巴西里葉 1/2 小匙（1 杯＝ 240cc）

作 法 番茄切成小丁、巴西里切碎。將白酒煮縮至 1/3，加入魚高湯再次煮縮至 1/3，再加入鮮奶油濃縮至適當稠度，加入牛番茄丁、巴西里碎和茴香酒即完成。

牡蠣香檳沾醬

鹹 香

使用法：沾

材 料 牡蠣、白酒、鮮奶油各 1 杯；水 2 杯；牡蠣高湯、魚高湯各 1/2 杯；洋蔥碎、大蒜碎各 1 小匙；奶油 1/2 小匙（1 杯＝ 240cc）

作 法 將牡蠣以 2 杯水煮熟後取出肉、切丁，湯汁留下做牡蠣高湯。將洋蔥、大蒜炒香後加入白酒煮縮至 1/3，再加入魚高湯和牡蠣高湯煮縮至 1/3，再加入鮮奶油濃縮至適當稠度，過濾即可調味加入奶油、香檳酒和牡蠣肉即完成。

燙煮扇貝

材　料
扇貝 300 克、薑片 5 克、蔥段 5 克

調味料
米酒 1 大匙、白醋 1 小匙

作　法
1. 扇貝清洗乾淨。
2. 鍋中放入 2000 cc 的水，放入蔥、薑，以大火燒開，加入調味料。
3. 放入扇貝後關火，浸泡 4 分鐘。
4. 煮熟後撈起泡冰水冷卻後瀝乾，擺盤，即可搭配沾醬食用。

〈沾醬、煮醬〉

＼雲南酸辣醬／

使用法：煮

材　料 辣椒粉 1 大匙、蒜末 1 小匙、紅蔥頭末 1 小匙、白芝麻 1 小匙，沙拉油 1 大匙、辣油 2 小匙

調味料 鹽 1 又 1/4 匙、水 1 杯、糖 2 小匙；白醋、醬油各 1 大匙；鎮江醋 1 小匙

作　法 用沙拉油將辣椒粉、蒜末、紅蔥頭末爆香後，再加入調味料，最後加入辣油、白芝麻一起拌匀即完成。

＼黃金黑蒜醬／

使用法：沾

材　料 蒜末 100 克、黑蒜 20 克、米酒 2 大匙、油蔥酥 10 克、水 1 大匙

調味料 糖 1 小匙、香油 2 小匙、蒜油 1/2 小匙、醬油膏 1/4 杯

作　法 蒜仁去蒂頭加米酒、黑蒜、水打成蒜蓉。油蔥酥切成細末。蒜蓉加入調味料攪拌均勻後，加入油蔥酥拌匀即可搭配扇貝食用。

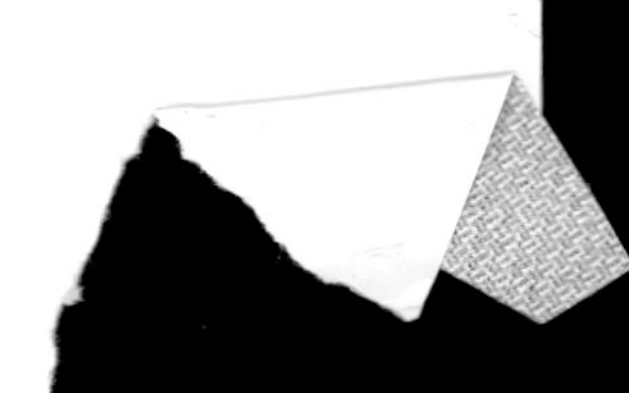

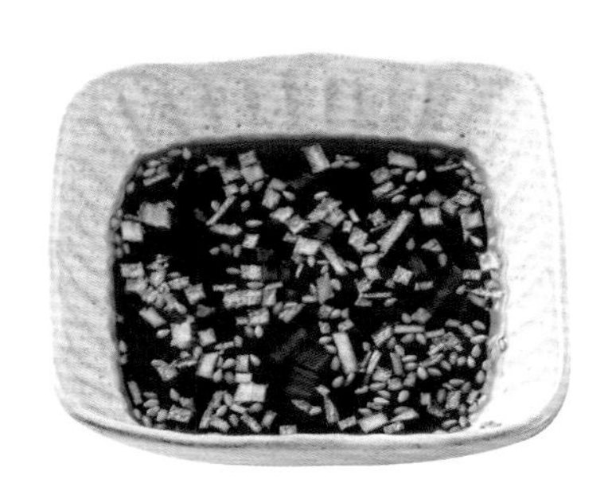

鹹 甜

芝麻和風醬

使用法：沾

材　料 熟白芝麻1小匙、洋蔥碎30克

調味料 和風沙拉醬1/2杯

作　法 全部混合攪拌勻，即可搭配扇貝食用。

甜 辣

泰式風味醬

使用法：沾

材　料 辣椒末1大匙、青辣椒末1大匙、蒜末1大匙、紅蔥頭末1大匙、香菜末2小匙、水1/2杯

調味料 糖3大匙、鹽1小匙、檸檬汁2大匙

作　法 所有材料、調味料拌勻煮滾，即可搭配扇貝食用。

辣 酸

辣味噌醬

使用法：沾

材　料 味噌2大匙、太白粉水30ml、水100ml

調味料 糖1小匙、番茄醬1/4杯、辣椒醬2大匙

作　法 將所有調味料加熱（除太白粉水），最後加入太白粉水勾芡，即可搭配扇貝食用。

鹹 辣

郫縣麻辣醬

使用法：沾

材　料 乾辣椒50克、蒜末3大匙；蔥段、薑末各30克、沙拉油1小匙

調味料 米酒、辣豆瓣醬各3大匙；糖2大匙、花椒油1小匙

作　法 乾辣椒以熱水泡軟，瀝乾，以食物調理機攪拌成辣椒泥。熱鍋倒入1小匙沙拉油，加入蔥段、薑末以及蒜末，小火拌炒3分鐘，加入辣椒泥，小火拌炒約10分鐘，加入辣豆瓣醬小火拌炒3分鐘，加入所有材料和調味料，以小火拌炒約3分鐘，熄火靜置1天，即可搭配扇貝食用。

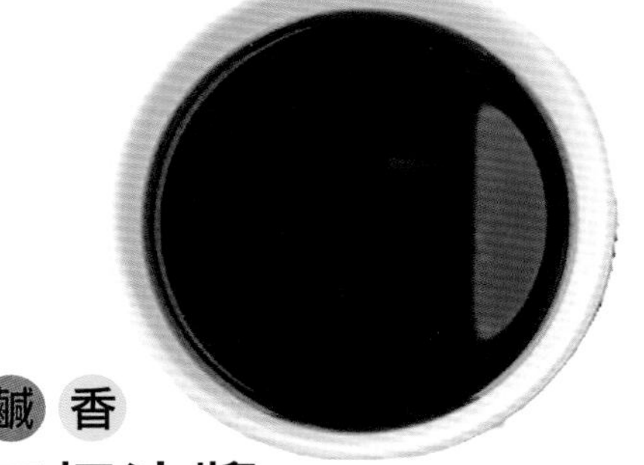

鹹 香

三杯沾醬

使用法：沾

材　料 蒜仁3顆、薑片2片、水3大匙

調味料 醬油膏3大匙；醬油、烏醋、BB醬、麥芽糖各2小匙；糖1小匙

作　法 蒜仁、薑片炸至金黃。所有材料用調理機打勻即可搭配扇貝食用。

燙煮魚片

材　料
魚片300克、
薑片5克、
蔥段5克

調味料
米酒1大匙、
白醋1小匙

作　法

1. 魚片清洗乾淨。。
2. 鍋中放入2000 cc的水，放入蔥、薑，大火燒開，加入調味料。
3. 放入魚片後關火並浸泡4分鐘，撈出、瀝乾水分，擺盤，即可搭配沾醬食用。

〈沾醬〉

\ 番茄香辣醬 /

酸 甜 辣

使用法：沾

材　料 牛番茄50克、薑10克、辣椒10克、蒜仁10克、香菜5克

調味料 糖1大匙、番茄醬1/4杯、白醋4大匙、烏醋2大匙（1杯＝240cc）

作　法 香菜、蒜仁、辣椒(去籽)、和薑切末，接著與調味料打勻即可，使用前須先放一天，再搭配魚片食用。

\ 大蒜香草油醋醬 /

酸

使用法：沾

材　料 大蒜2小匙、義式綜合香料1小匙、橄欖油3/4杯、白酒醋1/4杯、鹽1/4小匙（1杯＝240cc）

作　法 大蒜切碎，加入義式綜合香料一起炒過並放涼。橄欖油和白酒醋打成油醋汁，拌入炒過的大蒜碎及義式綜合香料，加鹽調味即完成。

酸

藍莓油醋沾醬

使用法：沾

材　料 藍莓小丁 1/4 杯、橄欖油 3/4 杯、白酒醋 1/4 杯、鹽 1/4 小匙（1 杯＝ 240cc）

作　法 將橄欖油和白酒醋打成油醋汁，加入藍莓小丁拌勻後，加入鹽調味即完成。

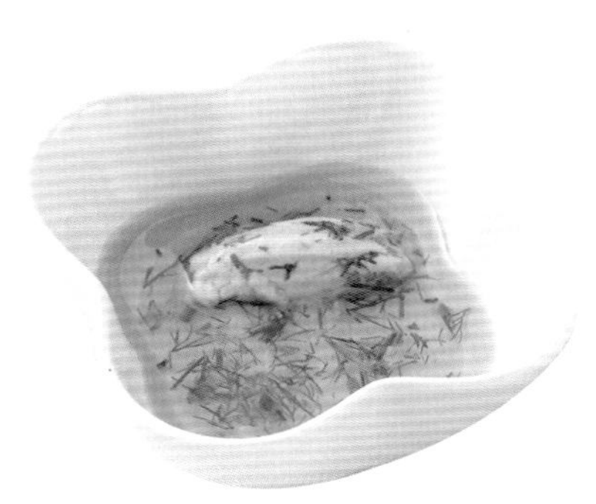

酸 甜 辣

芥末蒔蘿油醋沾醬

使用法：沾

材　料 芥末籽醬 1 小匙、蒔蘿 1 小匙、橄欖油 3/4 杯、白酒醋 1/4 杯、鹽 1/4 小匙（1 杯＝ 240cc）

作　法 蒔蘿切碎、橄欖油和白酒醋打成油醋汁，加入芥末籽醬及蒔蘿碎後，加鹽調味即完成。

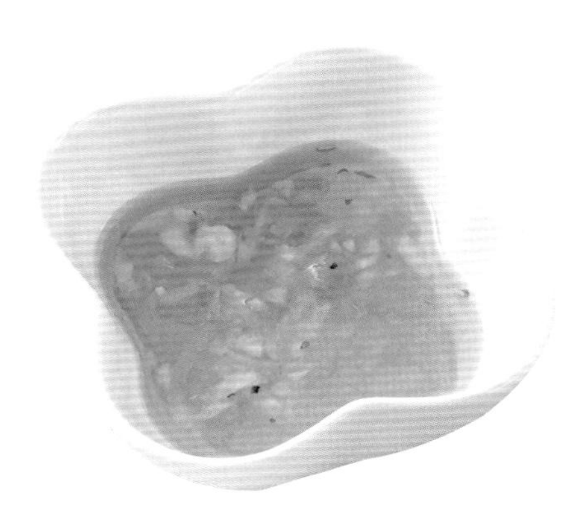

酸

香橙油醋沾醬

使用法：沾

材　料 柳橙小丁 3 小匙、柳橙皮 1 小匙、橄欖油 3/4 杯、白酒醋 1/4 杯、鹽 1/4 小匙（1 杯＝ 240cc）

作　法 將橄欖油和白酒醋打成油醋醬，柳橙小丁和柳橙皮加入油醋汁拌勻，最後加入鹽調味即完成。

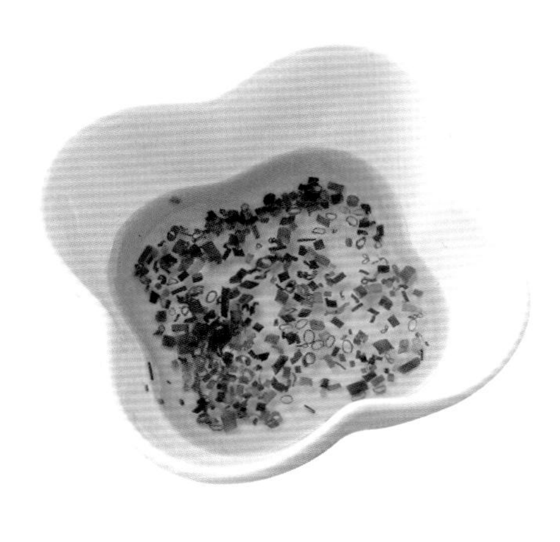

酸 鹹

細香蔥油醋沾醬

使用法：沾

材　料 細香蔥碎 1 小匙、洋蔥碎 1 小匙、橄欖油 3/4 杯、白酒醋 1/4 杯、鹽 1/4 小匙（1 杯＝ 240cc）

作　法 將橄欖油和白酒醋打成油醋汁，加入細香蔥碎和洋蔥碎拌勻後，加入鹽調味即完成。

烤透抽

材　料　透抽切片 1 隻

作　法

1. 烤箱先以 180°C 預熱。
2. 透抽洗淨備用。
3. 將透抽放入烤箱以 180°C 烤至熟透即可取出。

〈沾醬、醃醬醬料〉

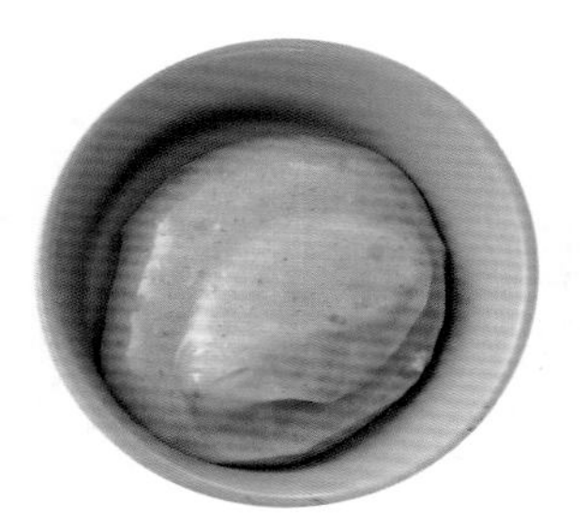

甜 辣

百勝醬汁

使用法：沾

材　料 美奶滋 1/2 杯、融化奶油 1 小匙、番茄醬 1 小匙、蜂蜜 1 小匙、辣椒粉 1 小匙、香蒜粉 1 小匙、水 2 小匙 (1 杯 =240cc)

作　法 將所有材料攪拌均勻即完成。

酸 香

鳳梨番茄莎莎醬

使用法：沾

材　料 鳳梨、洋蔥、香菜各 1/4 杯；牛番茄 1/2 杯、檸檬汁 4 小匙、鹽 1/4 小匙、糖 1 小匙（1 杯＝ 240cc）

作　法 鳳梨、洋蔥切丁；香菜切碎；將所有材料攪拌均勻即完成。

酸 香

藍莓香檸莎莎醬

使用法：沾

材　料 藍　莓 1/4 杯、牛番茄 1/4 杯、香菜 1/4 杯、檸檬汁 4 小匙、鹽 1/4 小匙、糖 1 小匙（1 杯＝ 240cc）

作　法 將牛番茄去皮切丁、香菜切碎、藍莓切丁。把所有材料拌勻即完成。

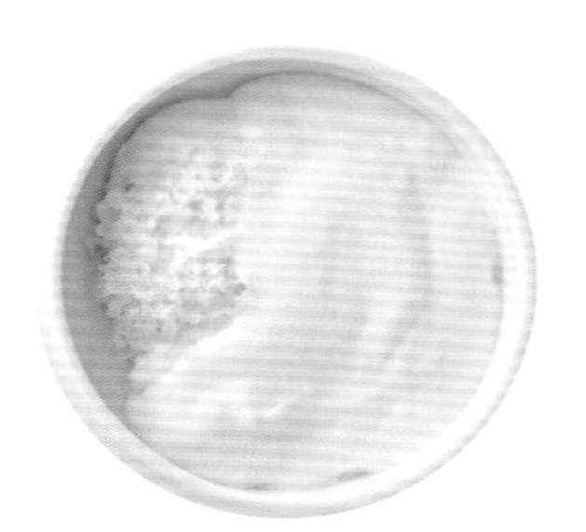

香

莫奈沾淋醬

使用法：沾

材　料 白醬 1 杯、格利亞起司 1/4 杯、帕馬森起司 1 小匙、奶油 2 小匙、鮮奶油 1 小匙（1 杯＝ 240cc）

作　法 將所有材料放入鍋中煮至溶化即可使用。

酸 甜

香茅檸檬汁醬

使用法：醃

材 料 蒜末、辣椒末各 2 大匙；香茅、檸檬汁、南薑各 10 克

調味料 果糖 1 大匙、檸檬汁 1/4 杯、魚露 2 大匙

作 法 所有材料拌勻即可醃漬透抽，等入味後再取出烘烤。

酸 甜

鳳梨香蘋醬

使用法：醃

材 料 鳳梨腐乳 3 塊、蘋果 1 顆

調味料 糖 30 克、鹽 1/2 小匙

作 法 蘋果切小塊和腐乳、調味料拌勻，即可醃漬透抽再烤。

鹹 辣

甜椒沾醬

使用法：沾

材 料 紅甜椒、辣椒各 50 克；蒜頭 20 克、開陽 5 克、洋蔥 30 克

調味料 白胡椒粉 1/4 小匙；糖、鹽、魚露各 1 小匙；辣油、香油各 1 大匙；沙拉油 3 大匙

作 法 將紅甜椒、辣椒洗淨，去蒂頭晾乾，以分量外的鹽 20 克、米酒 100ml 放入塑膠袋攪拌均勻，綁緊醃 5 天。辣椒取出後瀝乾，與洋蔥、蒜仁、開陽均切成細末。鍋子放入香油、沙拉油，冷油時先炒辣椒至呈現透亮的紅色，放入開陽炒香，加入洋蔥、蒜頭，炒至沒有水分，拌入剩餘調味料攪拌均勻，即可搭配透抽食用。

鹹 鮮

開陽蒜茸醬

使用法：沾

材 料 蒜末 100 克、開陽 1 小匙

調味料 糖、鹽、蒜油各 1/4 小匙；醬油、紹興酒各 2 大匙；魚露、米酒各 1 大匙

作 法 蒜末取 50 克洗乾淨，炸至金黃色、開陽煸香剁成細末。最後與另外的 50 克蒜末、調味料拌勻即可搭配透抽食用。

烤草蝦

材　料　草蝦 5 隻

作　法

1. 草蝦洗淨備用
2. 烤箱先以 180°C 預熱。
3. 將草蝦放入烤箱以 180°C 烤至熟透即可取出。

〈沾醬〉

酸
甜

酸甜蒔蘿醬

使用法：沾

材　料 薑 10 克、辣椒 10 克、蒜仁 10 克、蒔蘿 5 克

調味料 糖 1 大匙、番茄醬 1/4 杯、白醋 3 大匙、烏醋 1 大匙（1 杯＝ 240cc）

作　法 蒔蘿、蒜仁、辣椒 (去籽)、薑切末。接著與調味料拌均即可搭配草蝦食用。特別注意，使用前須先放一天。

酸
甜

芥末薄荷醬

使用法：沾

材　料 紅蔥頭碎 1 大匙、起司粉 1 小匙

調味料 薄荷醬 1 大匙、檸檬汁 1 大匙、沙拉醬 1/2 杯、山葵醬 1 大匙（1 杯＝ 240cc）

作　法 所有材料拌勻即可搭配草蝦一起享用。

酸 辣

辣椒番茄莎莎醬

使用法：沾

材 料 辣椒 1 杯、牛番茄 1/2 杯、檸檬汁 4 小匙、洋蔥 1/4 杯、鹽 1/4 小匙、 糖 1 小匙（1 杯＝ 240cc）

作 法 將辣椒燒黑去皮切丁、牛番茄去皮切丁、洋蔥切碎。所有材料拌勻即完成。

酸 甜

草莓番茄莎莎醬

使用法：沾

材 料 草莓、牛番茄、香菜各 1/4 杯；檸檬汁 4 小匙、鹽 1/4 小匙、糖 1 小匙（1 杯＝ 240cc）

作 法 牛番茄去皮切丁、香菜切碎、草莓切丁。將草莓、香菜、牛番茄、檸檬汁、鹽、糖一起拌勻即可。

酸 甜

柳橙香檸莎莎醬

使用法：沾

材 料 柳橙、牛番茄、香菜各 1/4 杯；檸檬汁 4 小匙、鹽 1/4 小匙、糖 1 小匙（1 杯＝ 240cc）

作 法 將牛番茄去皮切丁、香菜切碎、柳橙切丁。所有材料拌勻即可使用。

甜 辣

烤甜椒酒醋莎莎醬

使用法：沾

材 料 牛番茄、紅、黃甜椒 1/2 杯、紅辣椒 1 小匙、香菜 1/4 杯、橄欖油 1 小匙、紅酒醋 1/2 小匙、鹽 1/4 小匙、黑胡椒 1/4 小匙、糖 1 小匙（1 杯＝ 240cc）

作 法 將牛番茄去皮切丁，紅黃甜椒燒黑去皮切丁，香菜、辣椒切碎，所有材料一起拌勻即可使用。

酸 甜

芒果番茄莎莎醬

使用法：沾

材 料 芒果 1/4 杯、牛番茄 1/2 杯、檸檬汁 4 小匙、洋蔥 1/4 杯、香菜 1/4 杯、 鹽 1/4 小匙、糖 1 小匙（1 杯＝ 240cc）

作 法 將洋蔥、香菜切碎；牛番茄、芒果去皮切丁。所有材料攪拌均勻即可。

烤魚下巴

材　料
魚下巴 300 克

作　法
1. 魚下巴洗淨備用
2. 烤箱先以 180°C 預熱。
3. 將魚下巴放入烤箱以 180°C 烤至熟透即可取出，搭配醬料食用。

〈沾醬〉

鮮 酸

西西里醬汁

使用法：沾

材　料 小番茄 1/2 杯；酸豆碎、洋蔥碎、蒜碎、羅勒葉碎各 1 小匙；高湯 1 杯、奶油 1 小匙、鹽 1 小匙（1 杯＝240cc）

作　法 小番茄去籽切小丁；小番茄、洋蔥、大蒜炒香後加入高湯，煮滾後以奶油及鹽調味，起鍋前加入羅勒。

鮮 甜 酸

香菜莎莎沾淋醬

使用法：沾

材　料 香菜、牛番茄各 1/2 杯；檸檬汁 4 小匙；洋蔥 1/4 杯、鹽 1/4 小匙、糖 1 小匙（1 杯＝240cc）

作　法 將洋蔥和香菜切碎、牛番茄去皮切丁，所有材料拌勻即可。

鮮 甜 酸

番茄櫛瓜沾醬

使用法：沾

材　料 牛番茄丁 1 杯；綠櫛瓜丁、培根丁、洋蔥碎各 1 小匙；西芹碎、紅蘿蔔碎、奧力岡、鹽各 1/2 小匙；青蒜碎 1/4 小匙、高湯 1 杯；番茄糊、橄欖油各 1 小匙；番茄泥 2 小匙（1 杯＝240cc）

作　法 熱鍋炒香培根後加入洋蔥、西芹、紅蘿蔔、青蒜炒香，再加入番茄糊、番茄泥、牛番茄丁炒勻，加入奧力岡和高湯熬煮半小時，撈出香料後使用果汁機打均勻，最後加入綠櫛瓜丁煮熟，以鹽調味即可。

鮮甜

鯷魚醬汁

使用法：沾

材料 鯷魚碎 1/2 小匙，白酒、鮮奶油、高湯各 1 杯；洋蔥碎、大蒜碎各 1 小匙；奶油 1/2 小匙；鹽、黑胡椒各 1/4 小匙（1 杯＝240cc）

作法 洋蔥、大蒜炒香加入鯷魚炒香，再加入白酒縮煮至 1/3，加入高湯縮續煮至 1/3，再加入鮮奶油濃縮到適當稠度，過濾後即可調味加入奶油。

鮮甜

海藻奶油醬汁

使用法：沾

材料 海藻 1 小匙、高湯 1/2 杯、奶油 1 小匙、海鹽 1/2 小匙（1 杯＝240cc）

作法 將海藻泡水後，撈出、切碎；高湯煮到濃稠，加入海藻、海鹽再加入奶油即可

鮮甜

番茄白酒醬

使用法：沾

材料 牛番茄 1 小匙、高湯 1/2 杯、鮮奶油 1/2 杯、白酒 1/2 杯、巴西里葉 1/2 小匙（1 杯＝240cc）

作法 將牛番茄切成小丁、巴西里切碎。白酒煮縮至 1/3，加入魚高湯煮縮至 1/3，再加入鮮奶油濃縮至適當稠度，加入牛番茄丁和巴西里碎即完成。

鮮甜

魚子醬白酒奶油沾醬

使用法：沾

材料 魚子醬 1 小匙；白酒、鮮奶油、高湯各 1 杯；洋蔥、大蒜各 1 小匙；奶油 1/2 小匙；鹽、黑胡椒各 1/4 小匙（1 杯＝240cc）

作法 洋蔥、大蒜切碎、炒香後加入白酒煮縮至 1/3，再加入高湯煮縮至 1/3，再加入鮮奶油濃縮至適當稠度，過濾後以鹽、胡椒調味，再加入奶油和魚子醬。

烤香魚

材　料　香魚 2 隻

作　法
1. 香魚洗淨備用。
2. 烤箱先以 180°C 預熱。
3. 將香魚放入烤箱以 180°C 烤至熟透即可取出。

〈沾醬〉

客家韭菜沾醬

使用法：沾

材　料 韭菜 100 克、薑末 1 大匙

調味料 醬油 1/2 杯、味醂 3 大匙、香油 1 大匙

作　法 韭菜洗淨、切末；所有材料拌勻放冰箱靜置 3 小時即可搭配香魚食用。特別注意：韭菜須充分靜置，才能讓味道完全釋放。

香 甜

松子香甜莎莎醬

使用法：沾

材 料 香瓜、松子、香菜、牛番茄丁各 1/4 杯；鹽 1/4 小匙、糖 1 小匙（1 杯＝ 240cc）

作 法 將松子放入烤箱以 150°C 烤 10 分鐘，取出、掉頭續烤 5 分鐘後取出。香瓜去皮、切丁；香菜切碎。所有材料攪拌均勻即可。

鹹 辣

雙椒香蕉莎莎醬

使用法：沾

材 料 香蕉、牛番茄 3/4 杯；香菜、糖各 1 小匙；鹽、橄欖油各 1/2 小匙；黑胡椒、辣椒粉各 1/4 小匙（1 杯＝ 240cc）

作 法 將香蕉帶皮以 150°C 烘烤 25 分鐘，取出去皮、切塊後用果汁機將打成泥；香菜切碎。所有材料攪拌均勻即完成。

鹹 香

番茄茴香酒沾醬

使用法：沾

材 料 牛番茄 1 小匙、茴香酒 1/4 小匙；高湯、鮮奶油、白酒各 1/2 杯；茴香末 1/2 小匙（1 杯＝ 240cc）

作 法 番茄切成小丁、巴西里切碎；將白酒縮煮至 1/3，加入高湯縮煮至 1/3，再加入鮮奶油濃縮至適當稠度，加入牛番茄丁、巴西里碎和茴香酒即完成。

鹹 酸 甜

甜玉米莎莎醬

使用法：沾

材 料 玉米粒、牛番茄各 1/2 杯；檸檬汁 4 小匙、洋蔥 1/4 杯、香菜末少許（1 杯＝ 240cc）

作 法 將洋蔥切碎、所有材料全部拌勻即可。

鹹 酸

小番茄莎莎醬

使用法：沾

材 料 小番茄 3/4 杯、檸檬汁 4 小匙；洋蔥、香菜各 1/4 杯；鹽 1/4 小匙、糖 1 小匙（1 杯＝ 240cc）

作 法 將洋蔥、香菜切碎，小番茄切丁。所有材料攪拌均勻即可使用。

酸 甜

椰肉莎莎醬

使用法：沾

材 料 椰肉丁、鳳梨丁各 1/4 杯；檸檬汁、香菜、糖各 1 小匙；酸奶 3 小匙、鹽 1/4 小匙（1 杯＝ 240cc）

作 法 香菜切碎。所有材料拌勻即可使用。

烤生蠔

材　料
生蠔 3 個

作　法
1. 生蠔洗淨備用。
2. 烤箱先以 180°C 預熱。
3. 將生蠔放入烤箱以 180°C 烤至熟透即可取出。

〈沾醬〉

辣 酸 鹹

新鮮覆盆子莎莎醬

使用法：沾

材　料 新鮮覆盆子、牛番茄、香菜各 1/4 杯；檸檬汁 4 小匙、鹽 1/4 小匙、糖 1 小匙（1 杯＝ 240cc）

作　法 將牛番茄去皮切丁、香菜、覆盆子切碎。所有材料攪拌均勻即可。

鮮 鹹

奶油乳酪沾醬

使用法：沾

材　料 奶油乳酪、鮮奶油各 1/2 杯；巴西里、糖各 1 小匙；鹽 1/2 小匙（1 杯＝ 240cc）

作　法 巴西里切碎。奶油乳酪加鮮奶油用打蛋器拌勻過篩，以鹽、糖調味並加入巴西里即可使用。

辣 酸 鹹

青蘋果柳橙莎莎醬

使用法：沾

材　料 青蘋果、柳橙、洋蔥、香菜、牛番茄各 1/4 杯；檸檬汁 4 小匙、1/4 小匙、糖 1 小匙（1 杯＝ 240cc）

作　法 將洋蔥切碎，牛番茄去皮切丁，青蘋果、柳橙切丁。所有材料攪拌均勻即可

哇沙米美乃滋醬

使用法：沾

材　料 山葵粉 1 小匙、海苔粉 1 小匙

調味料 沙拉醬 2 大匙、烤肉醬 1 小匙、味醂 1 小匙

作　法 所有材料與調味料攪拌均勻即可。

番茄蘑菇培根醬

使用法：沾

材　料 牛番茄丁 1 杯；蘑菇末、培根丁、洋蔥碎、番茄糊、橄欖油各 1 小匙；西芹碎 1/2 小匙、紅蘿蔔碎、鹽、奧力岡各 1/2 小匙；青蒜 1/4 小匙、高湯 1 杯、番茄泥 2 小匙（1 杯＝240cc）

作　法 熱鍋中炒香培根，再加入洋蔥、西芹、紅蘿蔔、青蒜一起炒香，加入番茄糊、番茄泥、牛番茄丁炒勻，加入奧力岡和高湯熬煮半小時，用果汁機打均勻，最後加入蘑菇片煮熟，以欖油橄、鹽調味即可。

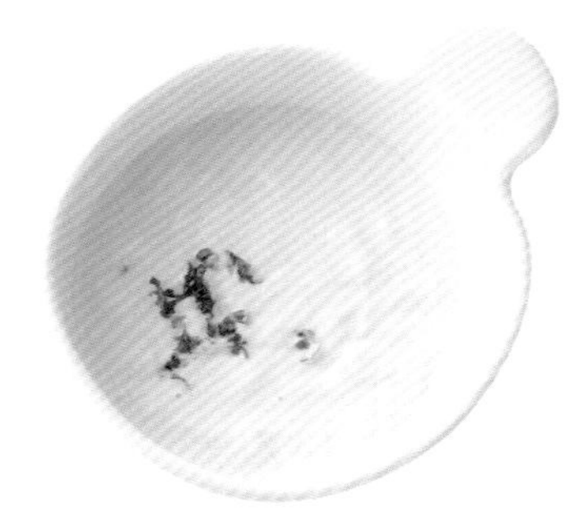

奶油蒜味巴西里醬

材　料 奶油 1 杯、蒜頭 1/4 杯、巴西里 1 小匙、鹽 1/2 小匙、胡椒 1/4 小匙（1 杯＝240cc）

作　法 奶油、蒜頭、巴西里放入食物調理機打勻，並以鹽、胡椒調味即可。

血瑪莉莎莎醬

使用法：沾

材　料 牛番茄丁 3/4 杯；蒜頭碎、蔥碎各 1 小匙；西芹碎 1/4 杯；番茄汁、糖各 1 小匙；檸檬汁 4 小匙；辣醬油、美國辣椒汁、伏特加酒、鹽、黑胡椒各 1/4 小匙；辣根醬 1/2 小匙（1 杯＝240cc）

作　法 將所有材料一起攪拌均勻後即可使用。

酪梨鮮蝦莎莎醬

辣

酸

使用法：沾

材　料 酪梨丁、蝦子、洋蔥丁、牛番茄丁、香菜碎各 1/4 杯；檸檬汁 4 小匙、鹽 1/4 小匙；糖、黑胡椒各 1 小匙、橄欖油 2 小匙（1 杯＝240cc）

作　法 蝦子煮熟切丁所有材料一起拌勻即可。

酥炸香魚

材　料
香魚 3 隻、
麵粉 2 大匙

作　法
1. 香魚洗淨並擦乾水分，均勻沾裹麵粉。
2. 鍋中放入適量的油，加熱至 180°C，放入香魚炸至金黃後即完成。

〈沾醬〉

辣 鹹

香辣蛋黃沾醬

使用法：沾

材　料 蛋黃 6 小匙、沙拉油 1/2 杯、辣椒粉 1 小匙、鹽 1/4 小匙（1 杯＝ 240cc）

作　法 蛋黃打發加入沙拉油，再打發至濃稠，加入辣椒粉、鹽調味即可。

羅勒檸檬汁蛋黃醬

使用法：沾

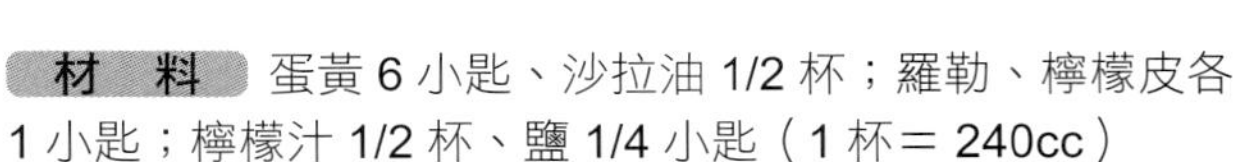

材　料 蛋黃 6 小匙、沙拉油 1/2 杯；羅勒、檸檬皮各 1 小匙；檸檬汁 1/2 杯、鹽 1/4 小匙（1 杯＝ 240cc）

作　法 羅勒切碎。蛋黃打發後加入沙拉油，再次打發至濃稠，加入羅勒及檸檬汁、檸檬皮，並以鹽調味即可

玉米蛋黃醬

甜
鹹

使用法：沾

材　料 美乃滋 3/4 杯、玉米罐頭 1/4 杯、巴西里碎 1 小匙、鹽 1/4 小匙（1 杯＝ 240cc）

作　法 所有材料混和均勻即可。

希臘優格醬

甜
鹹

使用法：沾

材　料 美乃滋 3/4 杯、希臘式優格 1/4 杯、巴西里碎 1 大匙、蜂蜜 1 大匙、鹽 1/4 小匙（1 杯＝ 240cc）

作　法 全部放入食物調理機打勻即可。

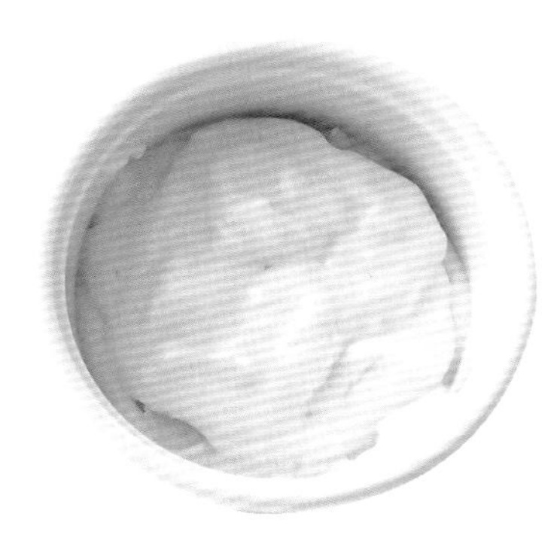

白醬奶油醬

使用法：沾

材　料 白醬 1 杯、格利亞起司 1/4 杯、起司 1 小匙、奶油 2 小匙、鮮奶油 1 小匙（1 杯＝ 240cc）

作　法 所有材料放入鍋中煮至溶化即可。

酥炸軟殼蟹

材　料　軟殼蟹 2 隻

麵　糊　酥炸粉 1/2 杯、清水 3 大匙、沙拉油 2 小匙

作　法

1. 將麵糊攪拌均勻，放置鬆弛 10 分鐘。
2. 軟殼蟹解凍後，將鰓、心、胃、腹甲蟹腸去除，並清洗乾淨。
3. 分切成 6 塊，將多餘水分用紙巾吸乾，放入麵糊中沾覆均勻。
4. 起油鍋，油溫加熱至 160°C，將蟹肉一塊一塊放入炸油中。
5. 中大火炸至外皮金黃酥脆，撈起瀝乾，淋醬料或搭配沾醬食用。

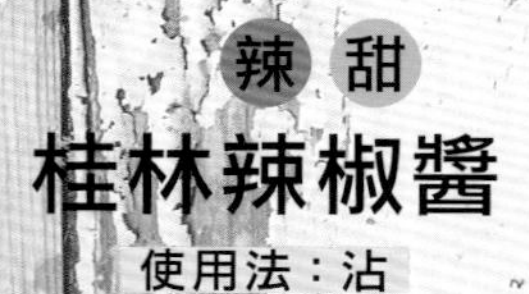

辣 甜

桂林辣椒醬

使用法：沾

材　料　飲用水 1/2 杯、桂林辣椒醬 2 小匙、糖 2 小匙、BB 醬 1 小匙、豆瓣醬 1 小匙、海鮮醬 1 小匙、辣油 1 小匙（1 杯＝ 240cc）

作　法　將所有材料放入鍋中煮滾即可使用。

鹹

薑汁大根醬

使用法：沾

材　料　蘿蔔泥 80 克、薑汁、醬油各 1/2 杯（1 杯＝ 240cc）

作　法　所有材料調勻即可搭配軟殼蟹食用。

酸 辣

泰式椒麻醬

使用法：沾

材　料 香菜 10 克、香茅 1/2 枝、辣椒 1 條、蒜仁 4 顆

調味料 糖 1 又 1/2 大匙、花椒油 1 小匙、醬油 1/4 小匙；泰國魚露、檸檬汁各 1/4 杯、冷開水 1/4 杯（1 杯＝ 240cc）

作　法 所有材料洗淨瀝乾、切碎，和調味料一起調勻，即可搭配軟殼蟹食用。

鹹 甜

紅椒蜂蜜芥末醬

使用法：沾

材　料 紅椒粉 1 小匙、蜂蜜 3 大匙、美乃滋 1/4 杯、黃芥末醬 1/4 杯（1 杯＝ 240cc）

作　法 所有材料調勻即可搭配軟殼蟹食用。

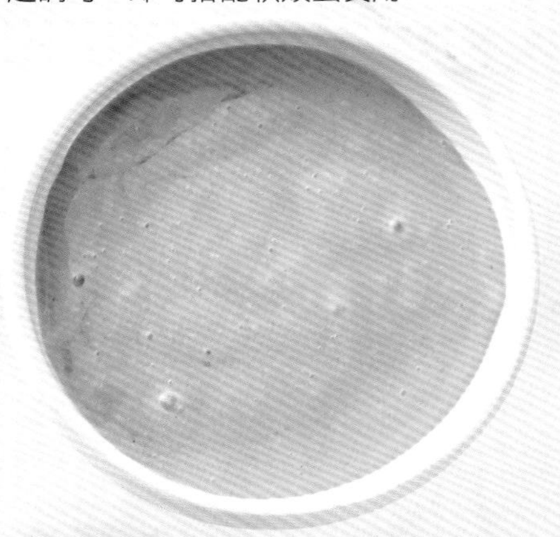

鹹 香

蛋黃咖哩醬

使用法：淋

材　料 雞蛋 1 顆、沙拉油 1 大匙

調味料 咖哩粉 1/4 杯、魚露 1 小匙；沙拉醬、椰漿各 1 大匙（1 杯＝ 240cc）

作　法 椰漿、咖哩粉、蛋、魚露先攪散，加入沙拉醬攪拌均勻，慢慢加入沙拉油拌勻將 80 克水煮滾，加入蛋黃醬，煮滾後起鍋淋上軟殼蟹食用。

鹹 鮮

烏魚子蒜味醬

使用法：沾

材　料 烏魚子 1 片（事先用高粱酒 80 克泡一夜，去除薄膜剝小塊）、蒜碎 50 克、薑泥 20 克、沙拉油 1 大匙；開陽、油蔥酥各 5 克（1 杯＝ 240cc）

調味料 冰糖、鹽、醬油、香油各 1 大匙

作　法 熱鍋中倒 1 大匙沙拉油，加入薑蒜炒香，再加開陽炒香；加入烏魚子和泡完的高粱、油蔥酥、冰糖、鹽搗碎炒香，加香油、醬油拌勻即可搭配軟殼蟹食用。

CHAPTER 2

換·個·醬·料

就能讓餐桌每道料理有滋有味！

—— 做出風味無限的吮指滋味 ——

鹹 辣

韭菜腐乳醬 使用法：沾

材 料 韭菜 50 克、豆腐乳 2 塊、白芝麻 3 大匙、花椒粒 1/2 大匙

調味料 香油 3 大匙、醬油 2 大匙

作 法 韭菜洗淨切小段。將白芝麻和花椒放入鍋中炒香後取出；把所有材料放入調理機中打碎即可搭配食用。

鹹 香 甜

甜麵醬 使用法：沾

材 料 蒜末 1 小匙、紅蔥末 1 小匙、沙拉油 1 大匙

調味料 水 1 杯，甜麵醬 1 大匙，蠔油 2 小匙，糖 1 大匙，白醋 1 大匙

作 法 鍋中放入 1 大匙油，將材料爆香後，再加入調味料煮滾即可。

鹹 香

乳豬醬 使用法：沾

材 料 紅腐乳 2 塊

調味料 糖 1 大匙，海山醬 1 大匙，醬油 1.5 小匙、飲用水 1/2 杯（1 杯＝240cc）

作 法 將材料與調味料一起攪拌均勻即可使用。

水煮五花肉

材 料 豬五花肉 600 克、蔥段 10 克、薑片 5 克

調味料 米酒 1 大匙

作 法

1. 豬五花肉清洗乾淨，放入湯鍋中，加入清水蓋過肉。
2. 開中火煮滾，煮至表面無血色，撈起、洗去表面浮沫。
3. 倒除鍋內血水，湯鍋洗淨後，加入等量清水，再加入蔥、薑，以大火煮滾。
4. 放入米酒與豬五花肉，加蓋小火煮 30 分鐘。
5. 關火後燜 30 分鐘，撈起、放涼後切片擺盤，即可搭配醬料食用。

辣香

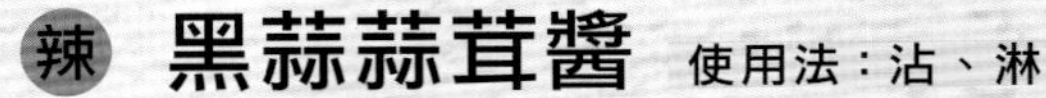

黑蒜蒜茸醬 使用法：沾、淋

材　料 蒜末 2 大匙、黑蒜末 1 小匙、蒜酥 1 小匙

調味料 米酒 1 小匙、飲用水 2 大匙、素蠔油 3 大匙、糖 1 大匙、香油 1 小匙

作　法 所有材料與調味料拌勻即可搭配五花肉食用。

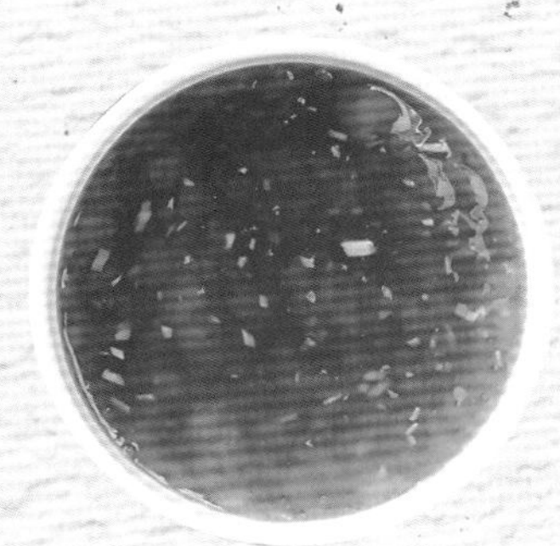

鹹酸

嫩薑金桔醬 使用法：沾

材　料 醃漬嫩薑末 1 小匙、金桔 2 個

調味料 桔醬 2 大匙、烤肉醬 1 小匙、味醂 1 小匙

作　法 金桔洗淨後榨汁、過濾；將所有材料與調味料一起攪拌均勻即可使用。

鹹辣香

好客黑椒醬 使用法：沾、淋

材　料 黑胡椒粗粉 1 大匙

調味料 烤肉醬 3 大匙、番茄醬 1 大匙、花雕酒 2 小匙、白胡椒粉 1/4 小匙、辣油 1 小匙、香油 1 小匙

作　法 所有材料與調味料拌勻即可搭配五花肉食用。

鹹香

蔥油淋醬 使用法：沾

材　料 蔥碎 2 大匙、薑碎 2 大匙、沙拉油 1/2 杯（1 杯＝ 240cc）

調味料 鹽 2 又 1/4 匙、糖 1 又 1/4 匙、三奈粉 1/4 匙

作　法 先將薑碎跟調味料拌勻；再將沙拉油加熱至 80°C，倒入薑碎中，最後再放入蔥碎攪拌均勻即可使用。

鹹甜香

紅糟醬 使用法：拌、蒸

材　料 圓糯米 300 克、紅麴米 40 克

調味料 米酒 3 杯；鹽、糖適量（1 杯＝ 240cc）

作　法 圓糯米泡水一晚，水瀝乾，乾蒸 30 分鐘。加入紅麴米、米酒 2 大匙拌勻，糯米要完全拌開。裝入乾淨的罐子後，加入剩餘米酒覆蓋；隔天米酒會變少，再次加入米酒直到蓋過米。放置陰涼處，夏天大概 3 天，冬天大約 7 天，就可以加鹽、糖調味，拌入煮熟的五花肉蒸 10 分鐘即可。

〈沾醬、淋醬〉

口水醬 使用法：沾

香辣

材料 蒜末1小匙、薑末1小匙、辣椒末1小匙、花椒粉1/4小匙

調味料 辣椒醬、糖各2小匙；白醋、醬油膏、芝麻醬、辣油各1小匙；烏醋、醬油各1.5小匙；飲用水1大匙

作法 將所有材料與調味料拌勻即可搭配松阪肉食用。

紅腐乳沾醬 使用法：沾

香鹹

材料 紅腐乳2塊

調味料 糖1大匙、海山醬1大匙、醬油1.5小匙、飲用水1/2杯

作法 用果汁機或調理機將材料跟調味料攪拌均勻即可搭配松阪肉一起食用。

水煮松阪肉

材料 松阪肉600克、蔥段10克、薑片5克

調味料 米酒1大匙；鹽、糖、太白粉各1小匙

作法

1. 松阪肉洗淨，切片，加入鹽、糖、太白粉拌勻。
2. 鍋子加入清水、蔥、薑，以大火煮滾，放入米酒與松阪肉小火煮3分鐘，即可撈出，搭配醬料食用。

甜
酸

莓果乾沾淋醬

使用法：沾、淋

材　料 加州莓果 3/4 杯、水 1 杯、糖 1/4 杯（1 杯＝ 240cc）

作　法 將加州莓果清洗後，一半放入烤箱以 100°C 烘烤 20 分鐘；鍋中放入所有材料拌勻，以小火熬煮 25 分鐘後以果汁機打勻、過濾，再用小火煮至稍微濃縮即完成。

甜
鹹
酸

葡萄柚醬汁

使用法：沾、淋

材　料 葡萄柚、蛋黃醬 1/2 各杯；鹽、糖、白胡椒粉各 1/4 小匙（1 杯＝ 240cc）

作　法 葡萄柚切小丁後，拌入所有材料一起攪拌均勻即完成。

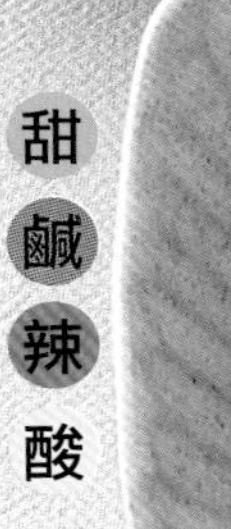

辣味桃子酸甜醬

使用法：沾、淋

材　料 洋蔥、辣椒醬、米醋各 1 小匙、蒜 3/4 小匙、桃子丁 1/4 杯；老抽、紅糖各 2 小匙；鹽 1/4 小匙（1 杯＝ 240cc）

作　法 洋蔥切碎、蒜拍碎；將洋蔥碎、蒜碎、辣椒醬混勻後再加入桃子丁、老抽、米醋、紅糖拌勻，用鹽調味即完成。

番茄油醋醬

使用法：沾、淋

材　料 橄欖油各 1/2 杯、白酒醋 3 小匙、牛番茄丁、鹽 1/4 小匙（1 杯＝ 240cc）

作　法 將橄欖油、白酒醋打成油醋汁，加入牛番茄丁並以鹽調味後混勻即可使用。

炒里肌片

材　料　里肌肉300克

調味料　鹽、糖各1/2小匙；米酒1小匙、香油1小匙、太白粉1小匙

作　法

1. 里肌肉切片加入調味料抓醃均勻。
2. 炒鍋放入沙拉油1大匙燒熱。
3. 放入肉片拌炒至熟，再加入醬料一起拌勻後即可食用。

鹹 甜 蜜汁炒醬

使用法：炒

材　料　醬油2大匙、醬油膏1大匙、糖1大匙、蜂蜜1大匙、水1杯、白醋1小匙（1杯＝240cc）

作　法　所有材料煮滾後，小火煮五分鐘即可完成。蜜汁醬炒完里肌肉片，可以撒上熟白芝麻，風味更佳。

蒜香三杯醬

香

使用法：炒

材　料 整顆蒜頭5顆、老薑片10克、黑麻油1大匙

調味料 醬油膏、米酒1大匙；醬油1小匙、糖2小匙、豆瓣醬1/2匙，白胡椒粉1/4、水1/2杯（1杯＝240cc）

作　法 先下黑麻油將蒜頭跟老薑片煸炒後，再將調味料加入鍋中煮滾即可。三杯醬可以搭配九層塔一起做烹調，風味更佳。

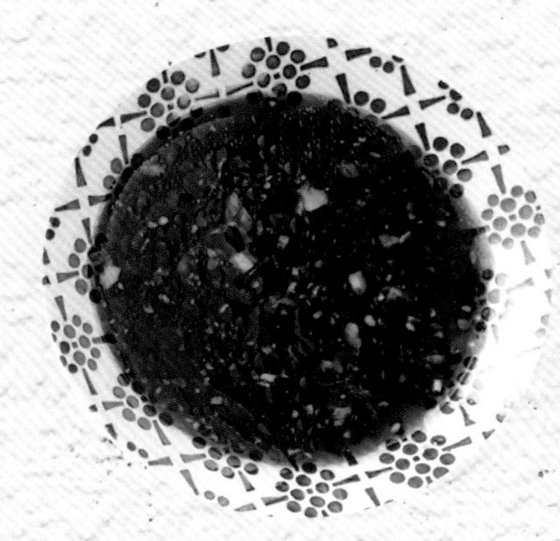

醬香醬

鹹

使用法：炒

材　料 蔥末1小匙、蒜末1小匙、豆豉碎1小匙、蒸魚醬油1大匙、米酒1大匙、糖1小匙、醬油膏1大匙、香油1小匙

作　法 所有材料拌勻即可加入里肌肉片拌炒。

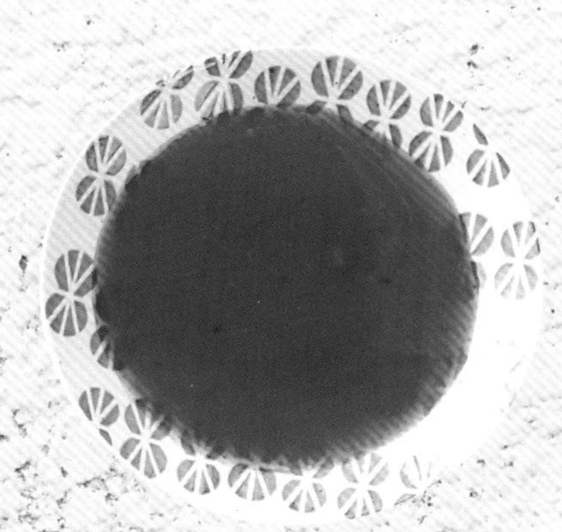

魚露番茄醬

鹹
辣

使用法：炒

材　料 魚露1小匙、水1/2杯、是拉差辣醬1大匙、番茄醬1小匙、糖1小匙、酸辣湯醬1小匙（1杯＝240cc）

作　法 將所有材料一起煮滾即可做為炒醬。

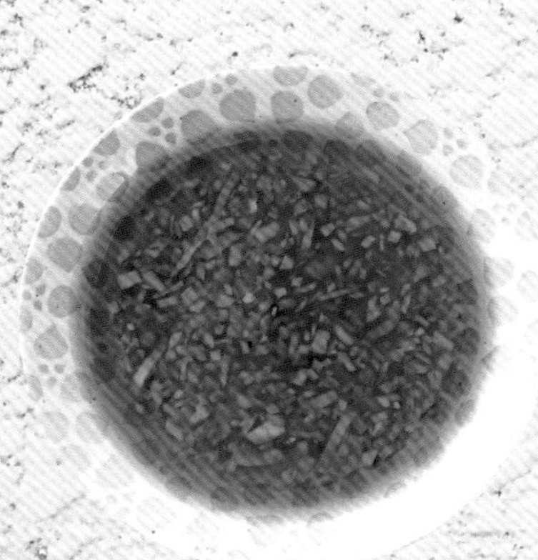

麻油醬

使用法：炒

材　料 薑末1大匙、黑麻油2大匙、蝦油1大匙、糖1小匙

作　法 所有材料拌勻即可加入里肌肉片拌炒。

炒絞肉

材　料　豬絞肉 250 克

調味料　鹽、糖各 1/4 小匙；米酒、香油、太白粉各 1 小匙

作　法　絞肉加入調味料抓醃均勻。炒鍋放入沙拉油 2 大匙加熱至微溫，放入絞肉一起拌炒 20 秒，再加入炒醬一起拌炒均勻，即可食用。

〈炒醬〉

鹹 辣

\ 極汁醬 /

使用法：炒

材　料　葡萄柚 1 顆

調味料　水 3 大匙、糖 2 小匙、梅林辣醬油 1 大匙、美極 1 小匙

作　法　把 1 顆葡萄柚先榨成汁；把調味料煮開後，再加入葡萄柚汁及果肉即可使用。

鹹 香

\ 豆乳醬 /

使用法：炒

材　料　辣味豆腐乳 1 大匙、蒜末 2 小匙

調味料　蝦油 1 大匙、米酒 1 大匙、糖 2 小匙、香油 1 小匙

作　法　所有材料與調味料一起攪拌均勻即可與絞肉一起拌炒。

鹹 甜

照燒醬汁

使用法：炒

材　料 柴魚片 15 克、麥芽糖 10 克

調味料 醬油 1 大匙、水 1 杯、味醂 1 大匙、米酒 1 大匙、糖 2 小匙、烏醋 1 小匙

作　法 先將水燒開加入柴魚片，熄火，泡 15 分鐘後過濾，把柴魚高湯，麥芽糖跟調味料入鍋，以小火煮 5 分鐘即可使用。

鹹 辣

郫縣豆瓣醬

使用法：炒

材　料 蔥末 1 小匙、薑末 1 小匙、蒜末 1 小匙、辣椒末 2 小匙

調味料 郫縣豆瓣 1 大匙、糖 1 小匙、番茄醬 1 小匙、白醋 1 大匙、花椒油 1/4 小匙

作　法 所有材料與調味料一起攪拌均勻即可與絞肉一起拌炒。

香 辣

宮保花椒醬

使用法：炒

材　料 乾辣椒 6 條、花椒粒 1 小匙

調味料 水 1/2 杯、醬油 1 大匙、白醋 1.5 小匙、糖 1 小匙、烏醋 1 小匙、米酒 1 小匙、辣油 1 小匙（1 杯＝ 240cc）

作　法 用油煸炒乾辣椒跟花椒後，再加入調味料煮滾即可使用 (也可將乾辣椒和花椒粒過濾)。

鹹 甜

燒焗醬汁

使用法：炒

材　料 水 3 大匙、喼汁 1.5 小匙、梅林辣醬油 1 小匙、美極 1.5 小匙、糖 2 小匙、黃芥末 1.5 小匙

作　法 所有材料一起煮滾，即可加入與絞肉拌炒。

炒肉絲

材　料　豬里肌肉 250 克

調味料　鹽 1/4 小匙、糖 1/4 小匙、米酒 1 小匙、香油 1 小匙、太白粉 1 小匙

作　法

1. 里肌肉逆紋切絲加入調味料抓醃均勻。
2. 炒鍋放入沙拉油 2 大匙，加熱至微溫即可。
3. 放入肉絲拌炒 20 秒，再加入炒醬拌炒均勻，即可食用。

〈炒醬〉

鹹　香

京醬

使用法：炒

材　料　甜麵醬 2 大匙、水 1/4 杯、醬油 2 小匙、糖 1 大匙、米酒 1 大匙、香油 1 大匙

作　法　所有材料攪拌均勻即可與肉絲一起拌炒。

鹹　鮮

蠔油炒醬

使用法：炒

材　料　蒜片 10 克、薑片 10 克、蔥段 1 支、油 1 大匙

調味料　水 1/2 杯、蠔油 1 大匙、鹽 1/4 匙、糖 1 又 1/4 匙、米酒 1.5 小匙

作　法　用油將材料爆香後，再加入調味料煮滾即可。可以適量地以太白粉水（太白粉：水＝1：3 大匙）勾芡，讓醬汁變濃稠。

鹹　香

燒汁醬

使用法：炒

材　料　薑 10 克、蔥 1 支、洋蔥 20 克

調味料　水 1/2 杯、米酒 1 大匙、味醂 1 大匙、醬油 1 小匙、糖 1 小匙、燒汁 1 大匙。

作　法　將材料跟調味料一起煮 5 分鐘後過濾即可。

蜜椒炒醬 **使用法：炒**

辣

材　料 蒜末、紅蔥頭末、洋蔥末各 1 小匙；油 1 大匙

調味料 水 1/2 杯、黑胡椒碎 1.5 小匙、美極 1/4 小匙；蠔油、糖、蜂蜜各 1 小匙

作　法 用油將材料爆香後，再加入調味料煮滾即可。可以適量以太白粉水（太白粉：水＝1：3 大匙）勾芡，讓醬汁變濃稠。

紅露沙茶醬 **使用法：炒**

鮮

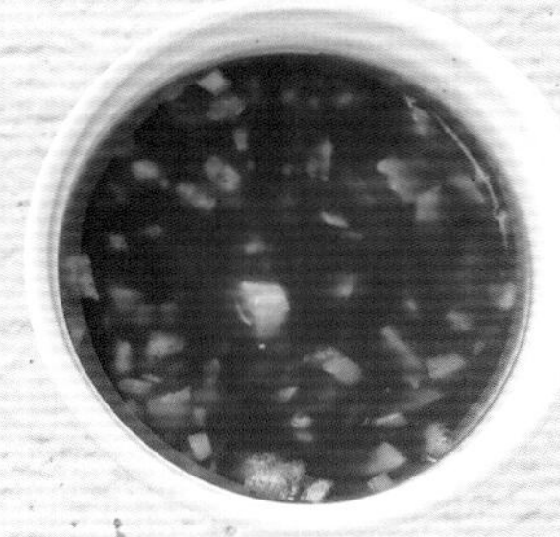

材　料 沙茶醬 2 大匙、紅露酒 1 大匙、蒜末 1 小匙

調味料 蝦油 1 大匙、醬油 1 小匙、糖 2 小匙

作　法 所有材料與調味料拌勻即可與肉絲一起拌炒。

牛柳汁 **使用法：炒**

香

材　料 西芹碎 1 支、洋蔥碎 10 克、紅蘿蔔碎 10 克、香菜碎 5 克

調味料 水 1/2 杯、糖 1 小匙、美極 1 又 1/4 小匙、番茄醬 1 大匙、OK 汁 1 大匙、A1 醬 1 小匙。

作　法 將材料跟調味料以小火煮 5 分鐘後過濾即可。

魚香炒醬 **使用法：炒**

辣

材　料 蔥末 1 小匙、薑末 1/2 小匙、蒜末 1 小匙、辣椒末 1 小匙

調味料 辣豆瓣醬 2 大匙、醬油 1 小匙、糖 1 大匙、高粱醋 1 大匙、香油 1 小匙

作　法 所有材料與調味料拌勻即可與肉絲一起拌炒。

黑滷汁 **使用法：炒**

香

材　料 米酒 1 大匙、油膏 1 大匙、蠔油 1 大匙、糖 2 小匙、烏醋 1 小匙、水 3 大匙

作　法 將全部的材料煮滾即可。

香煎里肌排

材　料
豬大里肌 150 克

調味料
鹽 1/4 小匙、胡椒 1/8 小匙

作　法
1. 豬大里肌用擦手紙吸乾血水後以調味料進行調味。
2. 平底鍋中放入適量的油燒熱，放入豬排後煎至上色，取出。
3. 烤箱先預熱，以 180°C 烤至全熟，取出，可搭配醬汁一起食用。

〈淋醬、拌醬〉

鹹 甜

蜜椒醬

使用法：淋、拌

材　料 碎豆豉 30 克、豆瓣醬 30 克、水 1/2 杯（1 杯＝240cc）、黑胡椒粉 1 大匙、蜜糖 1/4 杯

作　法 鍋中放入水煮滾，加入所有材料攪拌均勻即完成。

酸 甜

橙花桔汁醬

使用法：淋、拌

材　料 濃縮柳橙汁 1/4 杯、白醋 1/2 杯、糖 1 大匙（1 杯＝240cc）

作　法 將所有材料一起加熱攪拌均勻至糖融化即可淋入里肌排中。

鹹 辣

奶油黑椒醬

使用法：淋、拌

材 料 奶油 40 克、胡椒粉 1 大匙、黑胡椒碎 3 大匙、老抽 2 小匙、蠔油 1/4 杯、（1 杯＝ 240cc）、細砂糖 3 大匙

作 法 熱鍋後，放入胡椒粉、黑胡椒碎炒香後盛出；熱鍋後放入奶油炒至融化，加入除胡椒粉之外的剩餘材料，煮滾後再加入胡椒粉拌勻即可使用。胡椒粉和黑胡椒碎事先炒過會比較香

酸 甜

香檳汁淋醬

使用法：淋

材 料 香檳 1/4 杯、七喜 1/4 杯、檸檬汁 2 小匙、糖 2 小匙（1 杯＝ 240cc）

作 法 所有材料加熱拌勻至糖融化即可淋入里肌排中。

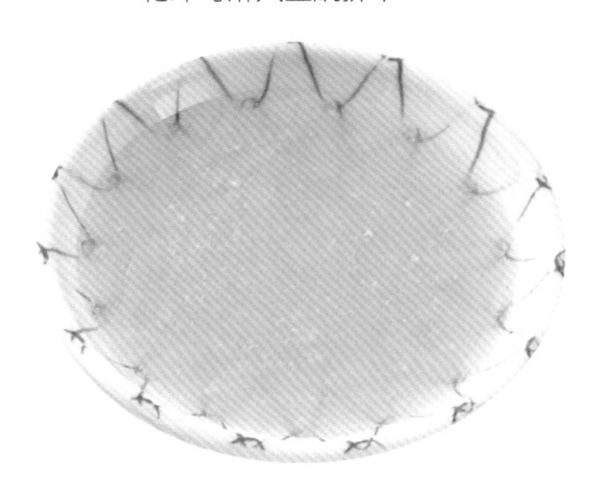

鹹 酸

茄汁油醋醬

使用法：淋、拌

材 料 洋蔥碎 30 克、蒜碎 3 小匙、高湯 1/2 杯（1 杯＝ 240cc）

調味料 番茄醬 1/4 杯、糖 2 小匙、醋 2 大匙、鹽 1/2 小匙、沙拉油 1 大匙

作 法 鍋中加入 1 大匙油燒熱，炒香洋蔥和蒜，再加調味料炒香，最後加高湯煮滾濃縮即完成。

煎松阪豬

材　料　松阪豬 150 克

調味料　鹽 1/4 小匙、胡椒 1/8 小匙

作　法

1. 松阪豬用擦手紙吸乾血水並加入調味料。
2. 先將松阪豬煎至上色，再放入已預熱烤箱中，以 180°C 烤至全熟，取出、切片即可搭配醬汁一起食用。

〈沾醬、淋醬〉

鮮甜

蘋果番茄酸辣淋醬

使用法：沾、淋

材　料　麥芽醋、番茄碎各 1/2 杯；蘋果丁 1/4 杯；葡萄乾、洋蔥碎、糖各 3 小匙（1 杯＝ 240cc）

作　法　將麥芽醋和糖放入鍋中加熱至糖完全融化，放入番茄碎、葡萄乾、蘋果丁、洋蔥碎小火熬煮 2 小時縮至濃稠即可完成。

酸甜

芒果酸甜醬

使用法：沾、淋

材　料　芒果丁 1.5 杯；奶油、蒜碎、蔥白碎、葡萄乾各 2 小匙；辣椒碎、胡椒各 1/4 小匙；鹽、薑碎各 1 小匙；黑糖 5 小匙、白酒醋 1/2 杯（1 杯＝ 240cc）

作　法　使用奶油炒蒜碎、辣椒碎、薑碎、蔥白碎，再加入芒果炒軟再加入黑糖、白酒醋、葡萄乾煮至軟爛後，以鹽、胡椒調味即完成。

鮮 甜

甜菜柳橙鮮甜醬

使用法：沾、淋

材 料 甜菜根塊、蘋果丁各 3/4 杯；麥芽醋、紫洋蔥碎各 1/2 杯；糖、柳橙汁各 1/4 杯；蒜碎、柳橙皮、鹽各 1/2 小匙（1 杯＝ 240cc）

作 法 將麥芽醋和糖放入鍋中加熱至糖完全融化，加入甜菜根、蘋果、紫洋蔥、蒜、橙皮、橙汁、鹽，以小火熬煮 40 分鐘後調中火，需不時攪拌，狀態呈濃稠後即完成。

辣 香

印度馬沙拉淋醬

使用法：沾、淋

材料 A 青蘋果 1 杯、香菜汁 4 小匙、薄荷汁 2 小匙、青辣椒 1/4 杯、蔥 1/2 杯；蒜、薑、橄欖油各 1 小匙；鹽、糖各 1/4 小匙（1 杯＝ 240cc）

材料 B 原味優酪乳 7 小匙

作 法 青蘋果去皮、籽切成小塊，與材料 A 所有材料用均質機打成細膩的質地。熱鍋中加油再加入打勻的醬汁煮 3 分鐘，加入一半的材料 B 煮至收乾，最後再加入剩餘的材料 B，煮約 5 分鐘即可使用。

鹹 香

白豆肉汁醬

使用法：沾、淋

材 料 豬骨肉汁 1 杯（P237）、白豆 1/4 杯、奶油 1 小匙、鹽 1/2 杯（1 杯＝ 240cc）

作 法 白豆加入豬骨肉汁煮勻，再加入剩餘材料一起打勻即可使用。

鮮 香

豬骨肉汁醬

使用法：沾、淋

材 料 豬骨 1.5 公斤、洋蔥塊 3/4 杯；西芹塊、紅蘿蔔塊、番茄糊各 1/4 杯；豬高湯 4 公升；道入豬高湯、月桂葉、百里香、胡椒粒各 1/4 小匙；紅酒 600 毫升（1 杯＝ 240cc）

作 法 豬骨放入烤箱，以 200°C 烤至金黃取出。洋蔥、西芹、紅蘿蔔炒至微焦加入蕃茄糊小火慢炒、再加入豬骨頭炒勻，倒入豬高湯、及月桂葉、百里香、胡椒粒，以小火熬煮 6 小時，並隨時撈起表面浮油及浮渣；紅酒先煮濃縮至 1/2 後加入拌勻、過濾，隔冰冷卻後再使用。

紅燒梅花肉

材　料　梅花豬肉約 600 克、薑 3-4 片、蔥段 1 根、八角 2-3 顆、桂皮 1 片

調味料　米酒、冰糖、醬油各 2 大匙；鹽適量、熱水 800 cc

作　法

1. 將梅花肉切塊，先用米酒拌勻，醃製約 15 分鐘。
2. 在鍋中加油，放入梅花肉兩面稍微煎至表面微金黃，取出備用。
3. 在同一鍋中加入薑片和蔥段，翻炒散發香味，加入冰糖，等待冰糖融化並稍微變色，放入煎過的梅花肉，並倒入足夠的熱水，水量不要超過肉的高度。
4. 加入醬油、八角、桂皮，然後拌勻，以大火煮滾，將火調至中小火，蓋上鍋蓋，燉煮約 50 分鐘直到肉變得軟嫩，再以鹽調味即完成。

〈燒煮滷醬〉

無錫梅花肉醬

使用法：燒煮滷

材　料 醬油 1/4 杯、蠔油 1 大匙、番茄醬 1 大匙、米酒 3 大匙、二砂 1 大匙（1 杯＝ 240cc）

作　法 所有材料攪拌均勻直到糖融化，即可和梅花肉一起燒煮。

紅谷紫米梅花肉醬

使用法：燒煮滷

材料 A 八角 1 顆、桂皮 1/2 片、甘草 3 片、香葉 3 片

材料 B 紅谷米 10 克、紫米 5 克

調味料 糖 1/2 小匙、米酒 1 大匙、醬油 1 又 1/2 大匙、蠔油 1 大匙

作　法 熱鍋燒油爆香材料 A，加入調味料炒香後，加 1 杯水及材料 B 煮滾，即可和梅花肉一起燉煮。

酸 甜

加州莓果燒煮醬

使用法：燒煮滷

材　料 加州莓果 3/4 杯、水 1 杯、糖 1/4 杯（1 杯＝ 240cc）

作　法 將加州莓果清洗，一半放入已預熱烤箱中以 100°C 烘烤 20 分鐘。鍋中加入所有材料拌勻，小火熬煮 25 分鐘，使用果汁機打勻並過濾，小火稍微煮到濃縮即可。

桃子辣味酸甜醬

使用法：燒煮滷

材　料 桃子丁 1/4 杯、洋蔥碎 1 小匙、蒜碎 3/4 小匙；辣椒醬、米醋各 1 小匙、老抽 2 小匙、紅糖 2 小匙、鹽 1/4 小匙（1 杯＝ 240cc）

作　法 將洋蔥碎、蒜碎、辣椒醬混合均勻、再加入桃子丁、老抽、紅糖攪拌，最後加入鹽、米醋調味即完成。

酸 甜

鳳梨果乾煮醬

使用法：燒煮滷

材　料 鳳梨塊 1 杯；檸檬汁、黑糖各 1 小匙；水 2 杯；奶油、糖各 2 小匙（1 杯＝ 240cc）

作　法 鳳梨一半放入烤箱，以 90°C 烘烤 30 分鐘，取出。將奶油下鍋炒香鳳梨塊，再加入烘烤過的鳳梨一起拌炒，加入黑糖、糖拌勻後加入檸檬汁、水，以小火熬煮 20 分鐘，用果汁機打碎，以小火煮濃縮後完成。

梅花肉紅燒醬

使用法：燒煮滷

鹹 甜

材　料 蒜頭 5 顆、辣椒 2 條、米酒 2 大匙、八角 1 顆、沙拉油 2 大匙

調味料 醬油 1/4 杯、冰糖 2 大匙（1 杯＝240cc）

作　法 熱鍋燒油爆香蒜頭、辣椒、八角，放入冰糖、米酒、醬油煮至糖融化，即可和梅花肉一起燉煮。

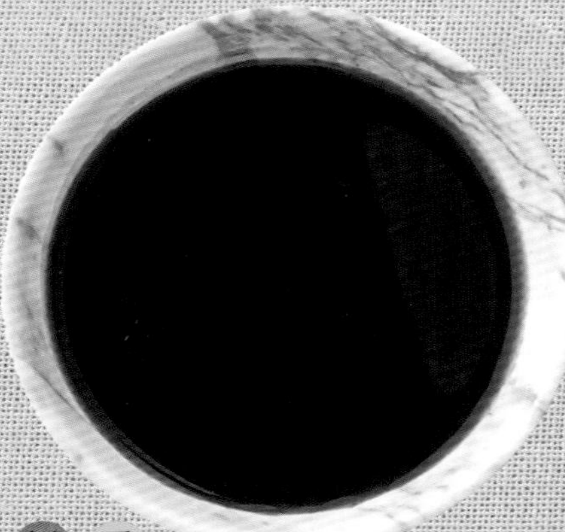

鹹 香

東坡梅花肉醬

使用法：燒煮滷

材　料 紹興酒 600ml、醬油 1/4 杯、冰糖 100 克（1 杯＝240cc）

作　法 所有材料放入鍋中，煮至冰糖融化，即可與梅花肉一起燉煮。

鹹 甜

蘋果白蘭地醬汁

使用法：沾

材　料 奶油 5 小匙、蒜苗碎 1 杯、芥末籽醬 1 小匙、白蘭地 2 小匙、白酒 10 小匙、鮮奶油 3/4 杯、蘋果丁 2 杯、香菜碎 2 小匙（1 杯＝240cc）

作　法 熱鍋後加入奶油及蒜苗炒香，再加入芥末籽醬拌炒均勻，接著加入白蘭地及白酒收乾至剩下一半，再加入鮮奶油及蘋果煮 10 分鐘至蘋果軟，最後加入香菜並且調味即可使用。

芒果酸甜醬

使用法：沾

材　料 奶油、大蒜碎、蔥白碎、葡萄乾各 2 小匙；辣椒碎、胡椒、鹽各 1/4 小匙；芒果丁 1.5 杯；薑碎 1 小匙、黑糖 5 小匙、白酒醋 1/2 杯（1 杯＝240cc）

作　法 鍋中放入奶油炒蒜碎、辣椒碎、薑碎、蔥白碎，加入芒果炒軟後再加入黑糖、白酒醋、葡萄乾煮至軟爛，再以鹽、胡椒調味即可使用。

燉腿庫

材　料
腿庫1200克、生薑3片、蔥段1根

調味料
米酒、冰糖、醬油各2大匙；鹽適量、熱水3000 cc

作　法

1. 將腿庫洗淨，豬毛拔乾淨備用。
2. 鍋中加入薑片和蔥段，翻炒散發香味，加入調味料或滷醬，放入腿庫，並倒入熱水。
3. 加以大火煮滾，將火調至小火，蓋上鍋蓋，燉煮約2小時直到肉變得軟嫩即完成。

鹹 香

蔥燒醬

使用法：燒煮滷

材　料 蒜仁3顆、蔥100克、八角1顆、沙拉油1大匙

調味料 糖1/4杯、醬油3/4杯、米酒1杯

作　法 熱鍋燒油爆香蔥白、蒜仁、八角，再加以調味拌勻，即可與腿庫一起燒煮。

鹹 香

五香滷醬

使用法：滷

材　料 八角3個、花椒粒1大匙、桂皮10克、丁香1大匙、小茴香子2小匙

調味料 醬油1/2杯、冰糖1大匙、山奈粉1/4小匙、白胡椒粉1小匙

作　法 所有材料與調味料攪拌均勻，即可與腿庫一起熬煮。

甜 鹹

東坡滷醬

使用法：滷

材　料 紹興酒1杯、紅穀米1小匙、甘草片3片

調味料 醬油1/2杯、素蠔油1/2杯、冰糖2小匙、糖色1大匙、白胡椒粉1/2小匙

作　法 所有材料與調味料拌勻，即可與腿庫一起熬煮。

花雕豬腳

香

花雕酒香醬

使用法：浸泡

材　料 豬腳 2 公斤、水 4 公斤

調味料 A 鹽 100 克、糖 50 克、紅棗 50 克、枸杞 50 克、人參鬚 10 克、當歸 1 片、水 3 公斤

調味料 B 花雕酒 150 克、紅露酒 100 克、米酒 50 克

作　法

1. 先將豬腳用水汆燙後，取出、沖洗乾淨，加入 4 公斤的水煮 1 個小時，取出、放涼備用。
2. 用調味料 A 煮滾後放涼，加入調味料 B 一起混合均勻。
3. 將放涼的豬腳跟花雕酒香浸泡在一起，放置冰箱一天，即可取出食用。

燉腩排丁

材　料　腩排丁 600 克、薑 3-4 片、蔥段 1 根、熱水 1000 cc

作　法

1. 先將腩排丁清洗乾淨備用。
2. 鍋中加入熱水煮滾，放入薑片、蔥段及腩排丁，再次煮滾後，即可將腩排丁撈出，與其他醬料一起燉煮。

酸 甜

加州莓果乾醬 使用法：燉煮

材 料 加州莓果 3/4 杯、水 2 杯、糖 1/4 杯（1 杯＝ 240cc）

作 法 將加州莓果清洗乾淨，一半放入已預熱烤箱中，以 100°C 烘烤 20 分鐘。鍋中加入水、所有莓果及糖，以小火熬煮 25 分鐘，倒入果汁機打勻並過濾，再以小火煮至濃縮即完成。

芒果酸甜醬 使用法：燉煮

材 料 芒果丁 1.5 杯；奶油、碎蒜 2 小匙、蔥白碎、葡萄乾各 2 小匙；辣椒碎、鹽、胡椒各 1/4 小匙；薑碎 1 小匙、黑糖 5 小匙、白酒醋 1/2 杯（1 杯＝ 240cc）

作 法 使用奶油炒蒜碎、辣椒碎、薑碎、蔥白，加芒果丁炒軟再加入黑糖、白酒醋、葡萄乾煮至軟爛，以鹽、胡椒調味即可使用。

酸 甜

甜 香

蘋果白蘭地燉煮醬 使用法：燉煮

材 料 蘋果丁 2 杯、奶油 5 小匙、芥末籽醬 1 小匙、蘋果白蘭地、香菜碎各 2 小匙、白酒 10 小匙、蒜苗碎 1 杯、鮮奶油 3/4 杯（1 杯＝ 240cc）

作 法 熱鍋放入奶油及蒜苗炒香，加入芥末籽醬炒勻，再加入白蘭地及白酒收乾至剩下一半，再加入鮮奶油及蘋果煮 10 分鐘至蘋果變軟，最後加入香菜拌勻即完成。

鳳梨果乾滷醬 使用法：滷

材 料 鳳梨塊 1 杯；檸檬汁、黑糖各 1 小匙；奶油、糖各 2 小匙；水 2 杯（1 杯＝ 240cc）

作 法 將鳳梨塊取一半進已預熱烤箱中，以 90°C 烘烤 30 分鐘。將奶油下鍋炒香鳳梨塊，加入黑糖、糖拌勻，加入檸檬汁、水，以小火煮至熬煮 20 分鐘，使用果汁機打碎過濾，以小火濃縮即可使用。

酸 甜

滷腩排

材　料　腩排丁 2 公斤、薑 3-4 片、蔥段 1 根、熱水 1000 cc

作　法

1. 先將腩排丁清洗乾淨備用。
2. 鍋中加入熱水煮滾，放入薑片、蔥段及腩排，再次煮滾後，即可將腩排撈出，與其他醬料一起滷煮。

〈滷醬〉

香 鹹

三杯滷醬

使用法：滷

材　料 冷水 2 大匙、 醬油膏 1 大匙；醬油、黑醋各 2 小匙；BB 醬、麥芽糖、糖各 1/2 小匙、薑片 3 片、蒜頭 3 個、九層塔適量

作　法 所有材料拌勻即可加入腩排中一起滷煮。

香 鹹

紅糟滷醬 使用法：滷

材　料 蒜仁 5 顆、薑 3 片、蔥段 1 支、紅糟 100 克、沙拉油 2 大匙

調味料 紹興酒 3 大匙、冰糖 1 大匙、鹽 1/2 小匙、醬油 2 大匙

作　法 熱鍋後倒入 2 大匙的沙拉油，爆香薑片、蒜仁、蔥段，加入紅糟與所有調味料炒香，即可加入腩排中一起滷煮。

香 鹹

紅谷米滷醬 使用法：滷

材　料 紅谷米 60 克、八角 10 克

調味料 水 4 公斤、醬油 300 克、冰糖 250 克、紹興酒 1 大匙

作　法 將材料與調味料一起與腩排熬煮約 1 個小時左右即可。

香 鹹

陳皮滷醬 使用法：滷

材　料 辣椒 3 支、蒜頭 10 顆、薑片 1 支、蔥 2 支，陳皮 2 片、油 3 大匙

調味料 水 4 公斤、醬油 400 克、冰糖 250 克

作　法 用油將材料爆香後，加入腩排一起煸炒，再加入調味料一起熬煮 1 個小時左右。

香 鹹

當歸滷醬 使用法：滷

材料 A 蒜頭 6 顆、紅蔥頭 6 顆

材料 B 當歸片 2 片、八角 10 克、桂皮 10 克、草果 3 顆、花椒 10 克、甘草片 5 片

調味料 水 4 公斤、醬油 300 克、冰糖 250 克、米酒 2 大匙

作　法 用 3 大匙的油將材料 A 煸炒，加入調味料煮滾後，再加入材料 B，與腩排一起熬煮約 1 個小時即可。

鹹

花生滷醬

使用法：滷

材　料 薑1支、白胡椒粒5克、八角10克、月桂葉3片、草果2顆、油3大匙、花生600克、水4公斤、鹽1大匙、紹興酒1大匙

作　法 用水將花生燙熱後，洗乾淨、瀝乾；將所有材料與豬腳一起熬煮。花生可以在前一天先泡水。

鹹 甜

紅燒滷醬

使用法：滷

材　料 甘草片3片

調味料 醬油1杯、冰糖1大匙、五香粉1小匙、白胡椒粉1小匙

作　法 所有材料與調味料攪拌均勻，即可與豬腳一起熬煮。

滷豬腳

材　料 豬腳2公斤、蔥段30克、薑片20克

調味料 米酒1/2杯

作　法

1. 豬腳洗淨，放入湯鍋中，加清水至蓋過豬腳。
2. 開中火煮滾，水滾再煮15分鐘，至表面無血色，去除血水與腥羶味，取出備用。
3. 倒除鍋內血水，湯鍋洗淨後，加入等量清水，加入蔥、薑，大火煮滾。
4. 放入米酒、滷醬與豬腳，加蓋小火煮100分鐘，中途要翻動。
5. 關火後，再浸泡60分鐘，即可食用。

鹹
甜

十三香滷醬 使用法：滷

材 料 月桂葉 3 片、山楂 6 片、甘草 2 片、香菜 5 克

調味料 醬油 1/2 杯、冰糖 2 小匙、十三香粉 1 小匙、白胡椒粉 1 小匙

作 法 所有材料與調味料拌勻，與豬腳一起熬煮。

鹹
甜

萬巒滷醬 使用法：滷

材 料 蒜仁 30 克

調味料 醬油 1/4 杯、醬油膏 1/4 杯、素蠔油 1 大匙、冰糖 1 大匙、糖色 2 大匙、五香粉 1 小匙、白胡椒粉 1 小匙

作 法 所有材料與調味料拌勻，與豬腳一起熬煮。

鹹
甜

蔭豉滷醬 使用法：滷

材 料 豆豉 1 大匙、甘草片 3 片

調味料 醬油 1 杯、冰糖 1 大匙、糖色 1 大匙、五香粉 1/4 小匙、白胡椒粉 1 小匙

作 法 所有材料與調味料拌勻，與豬腳一起熬煮。

鹹
香

無錫醬 使用法：滷

材 料 紅穀米 1 大匙、辣豆腐乳 2 塊、甘草片 3 片

調味料 醬油、素蠔油各 120cc；冰糖 4 小匙、糖色 2 小匙、五香粉 1/4 小匙、白胡椒粉 1/2 小匙

作 法 所有材料與調味料拌勻，與豬腳一起熬煮。

烤肋排

材　料　豬肋排 500 克

醃　料　二砂 1 小匙、煙燻紅椒粉 1/2 小匙、香蒜粉 1/2 小匙、黑胡椒粒 1/4 小匙、鹽 1/2 小匙

作　法

1. 將所有醃料混和後均勻塗抹在肋排上，醃 4 小時。
2. 包覆烤盤紙，再封鋁箔紙，放入已預熱烤箱中，以 160°C 烤 1.5 小時拿出來刷醬汁，每 8 分鐘刷一次，共四次，因此烘烤時間再加 32 分鐘。

〈烤醬〉

炭烤用綜合香料

使用法：烤

材　料　西班牙紅椒粉、辣椒粉、孜然粉、芥末粉、黑胡椒粉、乾燥百里香、乾燥奧勒岡、咖哩粉各 1 小匙；糖 1/2 小匙

作　法　所有材料攪拌均勻即可塗抹在肋排上。

鹹 辣 香

中式五香粉

使用法：烤

材　料　八角 1 小匙、丁香 1 小匙、花椒 1 小匙、茴香籽 1 小匙、肉桂棒 1/2 小匙

作　法　將材料全部磨碎並混合攪拌均勻，即可塗抹在肋排上。

鹹 酸

蒜醋醬

使用法：烤

材 料 蒜末 1 大匙

調味料 A1 牛排醬 1 大匙、烤肉醬 2 大匙、糖 1 大匙、米酒 1 大匙、白醋 1 大匙、烏醋 1 小匙

作 法 所有材料與調味料拌勻即可塗抹在肋排上。

鹹 辣

辣椒燒烤粉

使用法：烤

材 料 乾辣椒 1/4 杯、孜然粉 1 小匙；乾燥奧勒岡、芫荽粉、丁香粉各 1/4 小匙；蒜粉 1/2 小匙

作 法 所有材料攪拌均勻即可塗抹在肋排上。

鹹 辣 香

印度綜合香料

使用法：烤

材 料 小荳蔻、孜然、肉桂粉各 1 小匙；芫荽籽、黑胡椒粒、荳蔻碎、月桂葉各 1/2 小匙；丁香 1/4 小匙

作 法 月桂葉以烤箱烤出香氣，磨成粉，所有材料攪拌均勻即可塗抹在肋排上。

鹹 辣

BBQ 醬汁

使用法：烤

材 料 威士忌 1/2 小匙；二砂、番茄醬各 3 小匙；伍斯特醬、葡萄醋各 2 小匙；黃芥末醬、辣椒水各 1 小匙；香吉士汁 5 小匙

作 法 所有材料混合後中小火煮滾 10 分鐘，冷卻後加入威士忌拌勻，即可塗抹在肋排上。

烤霜降

材　料　松阪豬 150 克

調味料　豬骨肉汁 2 小匙、鹽 1/4 小匙、胡椒 1/8 小匙

作　法

1. 將松阪豬泡味水〈冷水 1000cc、大蒜 15 公克、月桂葉 2 片、百里香 3 公克、黑胡椒 4 公克、鹽 30 公克、糖 10 公克〉浸泡約 2 小時。
2. 將泡完味水的松阪豬擦乾，刷上調味料或醬汁，放入已預熱的烤箱中，以 150°C 烤約 45 分鐘至全熟即可。

〈烤醬〉

鹹 辣 香

香辣烤肉醬

使用法：烤

材　料 橄欖油、薑粉各 1 小匙；洋蔥、蘋果各 1/2 杯；蒜頭、黑胡椒粒、黃芥末、二砂、鹽各 1/2 小匙；紅辣椒 2 小匙；中芹、紅蘿蔔各 1/4 杯；牛番茄 3/4 杯、香檳醋 2 小匙（1 杯＝ 240cc）

作　法 所有材料放入食物調理機攪拌均勻並且過濾，煮滾放涼即可使用。

鹹 酸

柑橘燒烤醬

使用法：烤

材　料 香吉士汁 2 杯、萊姆汁 3/4 杯、糖 3 小匙、玉米粉 1 小匙（1 杯＝ 240cc）

作　法 將香吉士、萊姆汁煮滾，加入糖及玉米粉煮至適當濃稠度，過濾即可使用。

鹹 辣 酸

燒烤辣椒烤醬

使用法：烤

材　料 醬油、蠔油、甜辣醬、檸檬汁、蜂蜜各 1/4 杯；辣椒粉 2 小匙、義大香料 1 小匙、蒜末 1 小匙、米酒 1 小匙（1 杯＝ 240cc）

作　法 所有材料攪拌均勻即可使用。

〈炒醬〉

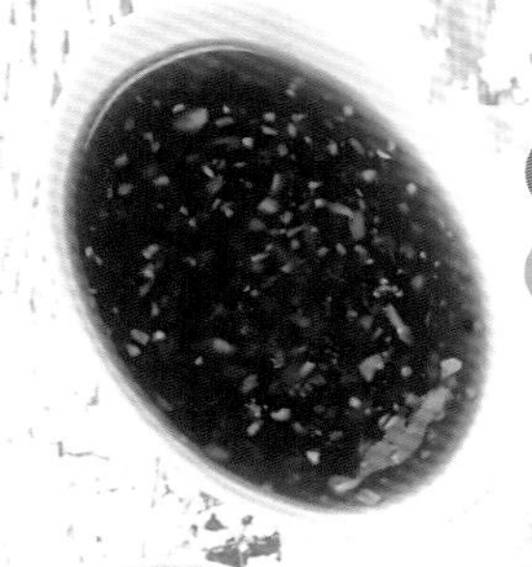

陳皮糖醋醬 使用法：炒

鹹甜

材料 陳皮碎 1.5 小匙、蔥段 1 支、薑碎 1.5 小匙

調味料 水 1/2 杯；醬油、糖、烏醋、白醋、米酒各 1 小匙；鹽 1/4 小匙（1 杯＝240cc）

作法 將材料跟調味料一起熬煮 3 分鐘，過濾後即可使用。

辣味蘑菇醬 使用法：炒

鹹辣

材料 洋蔥碎 1 大匙；蒜碎、辣椒末 1 各小匙；蘑菇片 50 克、奶油 30 克

調味料 水 1/2 杯、番茄醬 2 大匙；白醋、素蠔油、BB 醬各 1 小匙；糖 2 小匙、鹽 1/4 小匙

作法 將材料用奶油爆香，加入調味料煮滾即可。若想讓醬汁變濃稠，可以用太白粉：水＝1：3 的方式進行勾芡，讓醬汁變濃稠。

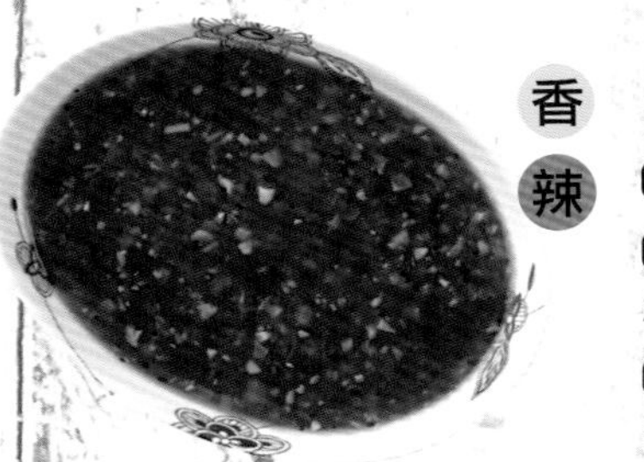

黑胡椒炒醬 使用法：炒

香辣

材料 洋蔥碎、紅蔥頭、奶油各 1 小匙

調味料 黑胡椒碎、米酒、醬油、烏醋各 1 小匙；水 1/2 杯、牛排醬 2 小匙（1 杯＝240cc）

作法 用奶油將洋蔥跟紅蔥頭炒香，加入調味料煮滾即可。若想讓醬汁變濃稠，可以用太白粉：水＝1：3 的方式進行勾芡，讓醬汁變濃稠。

炸排骨

材料 豬腩排 300 克

調味料 素蠔油 1/2 小匙、米酒 1 小匙、蝦油 1/2 小匙、香油 1 大匙、細砂糖 1 小匙、白胡椒粉 1/4 小匙、薑母粉 1/4 小匙、香蒜粉 1/4 小匙、玉米粉 1 大匙

作法

1. 排骨剁塊加調味料攪拌均勻，醃 3 小時以上。
2. 起油鍋，油溫加熱至 160°C，將排骨一塊一塊放入炸油中。
3. 將排骨大火炸至金黃酥脆，待排骨浮起後，撈起瀝乾，搭配炒醬拌炒。

奶茶醬 使用法：炒、拌

香 甜

材　料 紅茶包 1 包

調味料 奶茶焦糖醬 2 大匙、味醂 1 大匙、鮮奶油 1 小匙

作　法 將紅茶包加熱水 1 杯，浸泡 5 分鐘，留下紅茶，所有調味料，取紅茶 1/4 杯攪拌均勻即可使用。

柑橘醋醬 使用法：沾、淋

酸 甜

材　料 醬油、柳橙原汁各 3 大匙；米酒 1/4 杯、味醂 1 大匙、檸檬汁 2 大匙、糖 1/4 小匙

作　法 醬油、米酒、味醂、糖混合煮滾至無酒氣，放涼後加入其餘材料加熱拌勻，即可搭配炸好的小里肌一起食用。

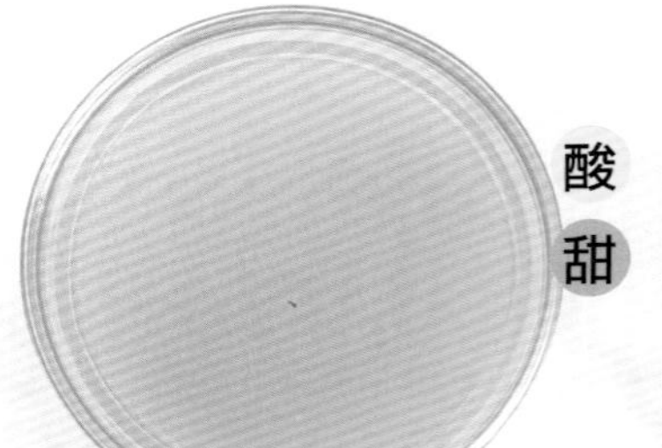

金桔檸檬醬 使用法：沾、淋

酸 甜

材　料 冰糖 30 克、麥芽糖 50 克、檸檬 1/2 顆、金桔 100 克、水 2 大匙

作　法 檸檬擠汁、金桔洗淨切四瓣去籽。鍋中加入除水之外的所有材料，以小火煮至果皮呈現透明狀醬汁變濃稠放涼。取 2 大匙醬汁加水調勻，即可搭配炸好的小里肌享用。

炸小里肌

材　料 小里肌肉 300 克

調味料 素蠔油 1/2 小匙、米酒 1 小匙、蝦油 1/2 小匙、香油 1 大匙、細砂糖 1 小匙、白胡椒粉 1/4 小匙、薑母粉 1/4 小匙、香蒜粉 1/4 小匙、玉米粉 1 大匙

作　法

1. 里肌肉加調味料攪拌均勻，醃 3 小時以上。
2. 起油鍋，油溫加熱至 160°C，將里肌肉一塊一塊放入炸油中。
3. 將里肌肉以大火炸至金黃酥脆，待里肌肉浮起後，撈起瀝乾，搭配炒醬拌炒。

酸

柳橙金桔醬

使用法：沾、淋

材　料 金桔3個

調味料 金桔濃縮汁1大匙、柳橙汁2大匙、水果醋1大匙

作　法 金桔洗淨，榨汁過濾，將所有材料與調味料拌勻即可。

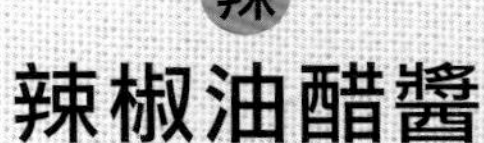

辣椒油醋醬

使用法：炒

材　料 乾辣椒5支；蒜碎、薑碎、花椒油各1小匙；辣油2小匙

調味料 水1杯；醬油、烏醋各1大匙；糖、醬油膏各2小匙；米酒1小匙

作　法 用油將乾辣椒、蒜碎、薑碎炒香，再加入調味料煮滾，最後再加入辣油、花椒油拌炒即可使用。

酸 甜

棗蜜沾淋醬

使用法：沾、淋

材　料 金棗100克、麥芽糖50克、水2大匙

調味料 二砂糖50克、檸檬汁1小匙

作　法 所有材料拌勻小火煮滾，持續煮至果皮呈現透明，即可搭配炸好的小里肌一起食用。

鹹 甜

京都醬

使用法：沾、淋

材　料 白芝麻1小匙

調味料 番茄醬、烤肉醬、糖、米酒各1大匙；A1牛排醬、梅林醬各2小匙；烏醋1小匙

作　法 所有材料與調味料攪拌均勻即可與炸好的小里肌拌炒。

酸 甜

鳳梨沾淋醬

使用法：沾、淋

材　料 鳳梨碎3大匙

調味料 番茄醬1大匙、烏醋1大匙、糖1小匙、香油1小匙

作　法 所有材料與調味料攪拌均勻即可。

蒜蓉沾拌醬

鹹 甜 酸

使用法：沾、拌

材　料 蒜末 1 小匙、蒜頭酥 1 小匙

調味料 飲用水 1/2 杯、醬油膏 1 大匙；烏醋、蒜頭油各 1 小匙、糖 2 小匙

作　法 所有材料與調味料攪拌均勻即可。

酸甜沾淋醬

酸 甜

使用法：沾、淋

材　料 蜂蜜、水、太白粉水各 2 大匙；檸檬汁、米醋各 1 大匙；蒜末、乾辣椒片各 1 小匙、鹽 1/4 小匙

作　法 蜂蜜、檸檬汁、米醋拌勻，倒入小鍋加水煮滾，加入除太白粉水之外的所有材料，熄火後再用太白粉水勾芡，即可搭配炸好的小里肌享用。

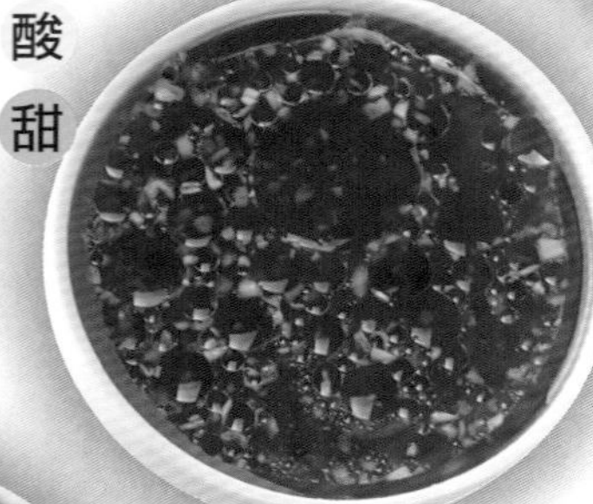

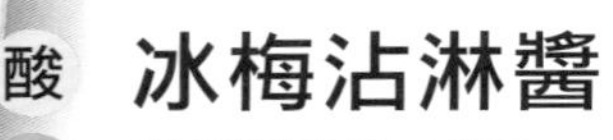

果香酸甜醬

酸 甜

使用法：沾、淋

材　料 檸檬 1/2 個、薑末 1 小匙

調味料 海鮮醬 2 大匙；糖、水果醋、梅林醬、烏醋各 1 小匙

作　法 檸檬洗淨，榨汁過濾取 1 大匙。所有材料與調味料攪拌均勻即可。

冰梅沾淋醬

酸 甜

使用法：沾、淋

材　料 梅子碎 50 克；蒜碎、嫩薑碎、白醋各 1 小匙、辣椒碎 1/2 小匙、水 2 大匙、糖 2 小匙

作　法 所有材料拌勻至糖融化，即可搭配炸小里肌享用。

橘子沾淋醬

酸 甜

使用法：沾、淋

材　料 橘子罐頭 30 克、柳橙濃縮汁 2 大匙

調味料 糖 1 大匙、白醋 2 大匙

作　法 所有材料與調味料攪拌均勻即可使用。

炸豬腱

材　料　豬腱 200 克、高筋麵粉 1/2 杯、全蛋 1 顆、白酒 1 小匙（1 杯＝ 240cc）

作　法
1. 豬腱去筋膜，切片後以白酒醃 30 分鐘。
2. 將豬腱片依序均勻沾裹上麵粉、全蛋液。
3. 將豬腱以 180°C 油溫炸至金黃全熟即可。

〈拌醬、炒醬〉

橘子檸檬醬　使用法：拌、炒

甜酸

材　料　橘子果肉丁 2 小匙、檸檬汁 1/4 杯、糖 4 小匙、奶油 3 小匙、蛋黃 1/4 杯（1 杯＝ 240cc）

作　法　鍋中放入軟化奶油和糖，用打蛋器略微打發直到奶油與糖完全混合，再加入蛋黃、檸檬汁、一半的橘子丁拌勻。使用隔水加熱溫度保持在 75°C，持續攪拌 10 分鐘後過濾，再拌入另一半的橘子丁即完成。

鳳梨果乾醬　使用法：拌、炒

甜酸

材　料　鳳梨塊 1 杯、檸檬汁、黑糖各 1 小匙；奶油、糖各 2 小匙；水 2 杯（1 杯＝ 240cc）

作　法　將鳳梨塊一半放入烤箱，以 90°C 烘烤 30 分鐘。奶油下鍋炒香鳳梨塊，再加入烘烤過的鳳梨拌炒，加入黑糖、糖拌勻加入檸檬汁、水，以小火熬煮 20 分鐘使用果汁機打碎過濾，並繼續煮至濃縮到想要的濃稠度，即可使用。

桃子辣味酸甜拌醬

酸 甜 辣

使用法：拌、炒

材 料 桃子丁 1/4 杯；洋蔥碎、辣椒醬、米醋各 1 小匙；蒜碎 3/4 小匙；老抽、紅糖各 2 小匙；鹽 1/4 小匙（1 杯＝ 240cc）

作 法 將洋蔥碎、蒜碎、辣椒醬混合均匀，再加入其它所有材料拌勻即完成。

櫻桃醬炒汁

使用法：拌、炒

材 料 櫻桃丁 1 杯、紅酒 2 杯、紅酒醋 4 小匙、肉豆蔻 1/4 小匙、水 1/2 杯、肉桂粉 1/4 小匙、糖 2 小匙（1 杯＝ 240cc）

作 法 把糖煮成焦糖，加入櫻桃，加入紅酒醋、肉桂濃縮至一半後加入肉汁煮 5 分鐘，過濾並繼續煮至濃縮到想要的濃稠度。

鹹 酸

番石榴醬

使用法：拌、炒

材 料 番石榴丁 1 杯、水 2 杯、糖 1/4 杯、麥芽糖 1 小匙（1 杯＝ 240cc）

作 法 鍋中放入番石榴丁稍微乾炒，加入糖和麥芽糖拌炒後再加水，以小火煮 20 分鐘後使用果汁機打勻、過濾，並繼續煮至濃縮到想要的濃稠度。

甜

蘋果番茄酸甜醬

酸 甜

使用法：拌、炒

材 料 番茄丁、麥芽醋各 1/2 杯；蘋果丁 1/4 杯；葡萄乾、洋蔥碎、糖各 3 小匙（1 杯＝ 240cc）

作 法 將麥芽醋和糖放入鍋中加熱至糖完全融化，放入番茄丁、葡萄乾、蘋果丁、洋蔥碎小火熬煮 2 小時，過濾並繼續煮至濃縮到想要的濃稠度。

CHAPTER 2

換·個·醬·料

就能讓餐桌每道料理有滋有味！

—— 做出風味無限的吮指滋味 ——

牛肉篇

鹹香

韭菜花醬

使用法：沾、淋

材　料 韭菜花 100 克、薑末 1 小匙、醬油 1/4 杯、味醂 3 大匙、香油 1 小匙（1 杯＝ 240cc）

作　法 韭菜花洗淨晾乾，撒鹽醃漬 30 分鐘讓韭菜花變軟。醃製過的韭菜花洗淨切末，將所有材料拌勻封保鮮膜，再放冰箱靜置 3 小時即可搭配牛五花食用。

酸辣

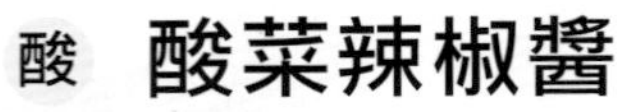

酸菜辣椒醬

使用法：沾

材　料 酸菜碎 50 克；蒜末、辣椒末、薑末各 1 小匙；油 1 大匙

調味料 水 1 杯；豆瓣醬、白醋、糖、柱侯醬各 1 小匙；鹽 1 又 1/4 小匙

作　法 鍋中放入 1 大匙油將材料爆香，加入調味料煮滾後，用小火熬煮 5 分鐘即可起鍋。酸菜使用前先沖水洗淨、用水燙過，降低酸菜的鹹味。

汆燙牛五花

材　料 牛五花火鍋肉片 300 克

調味料 鹽 1/4 小匙、糖 1/2 小匙、米酒 1 小匙、香油 1 小匙、太白粉 1 小匙

作　法

1. 牛肉片加入調味料後，抓醃均勻。
2. 鍋中放入適量的水煮滾，轉小火，放入牛肉片後汆燙至八分熟，撈起瀝乾。
3. 汆燙好的牛肉片可以搭配煮好的醬汁一起食用。

鹹 香

無錫風味醬

使用法：沾、淋

材　料 蔥花 1 大匙、紅糟醬 1 小匙、酒釀 1 小匙

調味料 素蠔油 1 大匙、糖 2 小匙、花雕酒 2 小匙、蝦油 1 小匙

作　法 所有材料與調味料攪拌均勻即可。

鹹 香

椰漿醬

使用法：沾、淋

材　料 蒜末 1 小匙、九層塔碎 3 克

調味料 椰漿 2 大匙、鮮奶油 1 大匙、魚露 1 大匙、東蔭功醬 1 小匙、糖 1 小匙

作　法 所有材料與調味料攪拌均勻即可。

鹹 香

鹹香沙茶醬

使用法：沾

材　料 辣椒粉 1 又 1/4 匙、花生粉 1/4 匙

調味料 沙茶醬 1 大匙、飲用水 1/2 小匙、糖 1 小匙、醬油 1 小匙、烏醋 1 小匙

作　法 將材料跟調味料攪拌均勻即可。

鹹

日式壽喜燒醬

使用法：煮

材　料 洋蔥碎 1 大匙

調味料 水 1 杯、柴魚醬油 1 大匙、味醂 1 大匙、糖 2 小匙、清酒 1 大匙（1 杯＝240cc）

作　法 將材料跟調味料一起熬煮 10 分鐘即可。醬汁煮好後，可以直接將生牛五花肉放入醬汁煮熟，風味更佳。

鹹 香

香茅醬

使用法：沾、淋

材　料 香茅碎 20 克、南薑碎 10 克、檸檬葉碎 5 克；蒜末、辣椒末各 1 小匙

調味料 燒雞醬 2 大匙、白醋 1 大匙、糖 2 小匙、魚露 1 小匙、檸檬汁 1 小匙、飲用水 1 大匙

作　法 將材料跟調味料攪拌均勻即可。

鹹 香

水煮醬

使用法：沾、淋

材　料 郫縣豆瓣 1 大匙、熟白芝麻 1 小匙、蔥花 1 大匙、香菜 3 克

調味料 醬油 1 大匙、辣椒醬 1 大匙、辣油 1 大匙、糖 1 小匙、花椒油 1 小匙

作　法 所有材料與調味料攪拌均勻即可。

炒牛絞肉

材　料

牛絞肉 1.5。(1 杯 =240cc)

調味料

鹽、胡椒各 1/2 小匙

作　法

1. 牛絞肉加入鹽及胡椒調味。
2. 熱鍋下油，將絞肉炒熟即可取出搭配醬料。

〈淋、拌、炒醬〉

鹹 香

義大利肉拌醬

使用法：淋、拌

材　料 去皮牛番茄末 2 杯、洋蔥碎 3/4 杯；紅蘿蔔碎、西芹碎各 1/4 杯；番茄糊、細砂糖各 1 大匙、蒜碎 2 小匙、紅酒 1/2 杯、雞高湯 4 杯（P173）、豬絞肉 3 杯、香草束 1 束；鹽、胡椒各 1/4 小匙、橄欖油 2 小匙（1 杯＝240cc）

作　法 將絞肉都煎上色取出；鍋中加橄欖油燒熱後將洋蔥炒香，再加入西芹及紅蘿蔔炒至金黃，加入番茄糊及番茄末拌炒，再加入煎好的絞肉炒勻，加入紅酒煮至濃縮至一半，再加入高湯煮滾後轉小火，加入香草束、蒜碎、細砂糖煮半小時左右至絞肉入味熄火，以鹽、胡椒調味即可。

鹹 辣

打拋辣醬

使用法：炒

材　料 辣椒圈 1 大匙、糖 1 大匙、檸檬汁 1/4 杯、醬油 1/4 杯、魚露 2 大匙（1 杯＝ 240cc）

作　法 所有材料調勻至糖融化即可和絞肉拌炒。

鹹 香

咖哩炒醬

使用法：炒

材　料 洋蔥碎 30 克、沙拉油 1/4 杯（1 杯＝ 240cc）

調味料 糖 1/2 小匙、鹽 1 小匙、咖哩粉 3 大匙

作　法 熱鍋燒油炒香洋蔥碎，加入咖哩粉炒香再加糖、鹽調味，即可和絞肉拌炒。

鹹 香

沙茶炒醬

使用法：炒

材　料 沙茶醬 1/4 杯、糖 2 小匙、醬油 2 大匙、烏醋 3 小匙（1 杯＝ 240cc）

作　法 所有材料一起攪拌調勻，即可和絞肉拌炒。

香煎牛排

材　料　美國牛肋眼 150 克

調味料　鹽 1/2 小匙

作　法

1. 牛肋眼用擦手紙把血水吸乾，並且用鹽調味。
2. 將牛肋眼煎至上色，先以 250°C 預熱烤箱，放入牛肋眼排烘烤 2-3 分鐘，再調降溫度至 165°C 繼續烘烤到個人喜歡的熟度，取出淋上醬汁即可享用。

〈淋醬、沾醬〉

鹹 香

胡椒蘑菇奶油醬

使用法：淋、沾

材　料　胡椒粉、無鹽奶油、洋蔥碎、紅蔥頭碎、蒜頭碎各 1 大匙；牛骨肉汁 2 杯（P233）、鹽 1/4 小匙、蘑菇碎 2 小匙（1 杯＝240cc）

作　法　鍋中放入 1 大匙的油將洋菇、洋蔥、紅蔥頭、蒜頭炒香，加入胡椒粉拌勻，再加入奶油用打蛋器拌勻。牛骨肉汁以小火濃縮，將醬汁縮至剩下 1/2 的量，關火後加入與奶油拌勻的炒料，並用鹽調味即可。

鹹香

牛骨白酒醬汁

使用法：淋、沾

材 料 牛骨肉汁 1 杯（P233）；蘑菇片、白酒各 1/2 杯；奶油 5 小匙；青蔥碎、白蘭地各 2 小匙；巴西里碎 1/2 小匙、鹽 1 小匙（1 杯＝240cc）

作 法 熱鍋中加入奶油，放入蘑菇炒至金黃，加入青蔥炒勻。將白酒及白蘭地倒入鍋中，以中火將酒濃縮剩下一半，再加入肉汁煮 20 分鐘左右到需要的濃稠度，關火加入巴西里碎並以鹽調味即可。

鹹香

松露蘑菇肉汁

使用法：淋、沾

材 料 牛骨肉汁 1 杯（P233）、蘑菇片 1/2 杯；松露醬、黑胡椒、油各 1 大匙；松露油 1/2 小匙、鹽 1 小匙（1 杯＝240cc）

作 法 熱鍋放入油燒熱，煎香蘑菇片，加入牛骨肉汁、黑胡椒、松露醬煮至縮稠，起鍋加入松露油、鹽調味即可使用。

鹹香

紅椒奶油沾淋醬

使用法：淋、沾

材 料 紅椒粉 1 大匙、無鹽奶油 1 大匙、牛骨肉汁 2 杯（P233）；鹽、胡椒各 1/4 小匙（1 杯＝240cc）

作 法 紅椒粉與奶油用打蛋器拌勻。牛骨肉汁以小火濃縮，將醬汁縮至剩下 1/2。關火加入紅椒奶油並調味即可。

鹹香

蘑菇沾淋醬汁

使用法：淋、沾

材 料 牛骨肉汁 1 杯（P233）、蘑菇片 1/2 杯、奶油 1 大匙、黑胡椒 1 大匙、鹽 1/2 小匙（1 杯＝240cc）

作 法 熱鍋下奶油煎蘑菇片至上色，加入牛骨肉汁、黑胡椒縮稠，最後加入鹽調味即可使用。

香煎牛里肌

材　料　美國牛里肌 150 克、鹽 1/2 小匙

作　法

1. 牛里肌用擦手紙吸乾血水，用鹽進行調味。
2. 將牛里肌煎至上色，先以 250°C 預熱烤箱，放入牛里肌烘烤 2-3 分鐘，再調降溫度至 165°C 繼續烘烤到個人喜歡的熟度，取出淋上醬汁即可享用。

鹹 香

松露胡椒醬

使用法：淋、沾

材　料 牛骨肉汁 1 杯（P233）、黑胡椒 1 大匙、松露醬 1 大匙、松露油 1/2 小匙、鹽 1/2 小匙

作　法 鍋中加入牛骨肉汁、黑胡椒、松露醬縮稠，起鍋加入松露油、鹽調味即可使用。

鹹 香

紅酒肉醬

使用法：淋、沾

材　料 紅酒 2 杯、牛骨肉汁 2 杯（P233）、鹽 1/2 小匙

作　法 先將紅酒加熱濃縮至一半，加入牛骨肉汁濃縮後用鹽調味即完成。

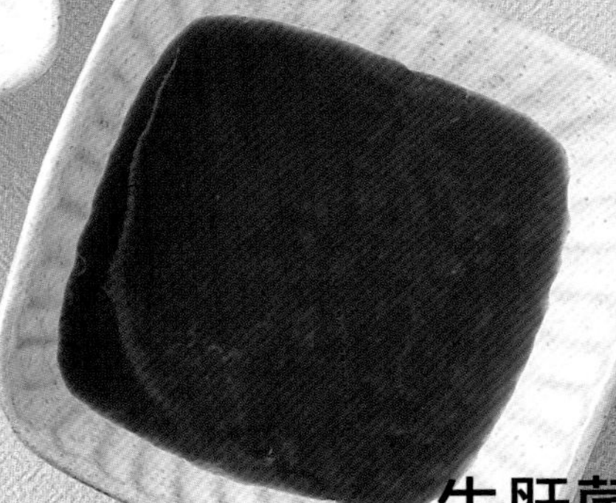

鹹 香

防風根醬汁

使用法：淋、沾

材　料 防風根 3/4 杯、雞高湯 2 杯（P173）；鮮奶油、洋蔥各 1/4 杯；百里香、鹽各 1/4 小匙

作　法 防風根去皮切片。熱鍋下 1/2 大匙的油，加入洋蔥炒香，再加入百里香、防風根、雞高湯煮至濃縮至一半，放入果汁機打勻後過濾，再放回鍋子煮滾關火，加入鮮奶油拌勻後加鹽調味即可使用。

鹹 香

牛肝菌菇奶油醬

使用法：淋、沾

材　料 牛肝菌菇粉、洋蔥碎、紅蔥頭碎、蒜頭碎、無鹽奶油各 1 大匙；牛骨肉汁 2 杯（P233）；鹽、胡椒各 1/4 小匙

作　法 將洋蔥、紅蔥頭、蒜頭以小火炒香，加入牛肝菌菇粉拌勻後加入奶油用打蛋器拌勻。牛骨肉汁以小火濃縮至 1/2 的量，關火後加入與奶油拌勻的炒料再用鹽、胡椒調味即可。

鹹 香

巴西里肉醬 使用法：淋、沾

材 料 巴西里 1/4 杯；香菜、大蒜碎、辣椒 1 大匙；洋蔥碎 1/2 杯、番茄 1/4 杯、橄欖油 3/4 杯、酒醋 1/2 杯、胡椒粉 1/4 小匙、匈牙利紅椒粉 2 小匙

作 法 巴西里、香菜均去梗、洗淨燙熟；番茄去籽、去皮切丁；將橄欖油以外的所有材料放入果汁機打成泥，慢慢加入冰過的橄欖油打至乳化即可使用。

鹹 甜

威士卡烤肉醬

使用法：淋、沾

材 料 番茄醬 3 杯；威士卡酒、二砂糖各 1/2 杯；洋蔥碎 3/4 杯；白酒醋、煙燻液各 2 小匙；梅林辣醬油 1/4 杯、沙拉油 1 大匙

作 法 洋蔥用油炒軟，加入二砂炒至焦糖化，再加入白酒醋、番茄醬、梅林辣醬油、煙燻液煮滾，加入威士卡再滾一次即可使用。

鹹 甜

迷迭香醬

使用法：淋、沾

材 料 蒜末、融化奶油各 1/4 杯；鹽、糖各 1/4 小匙；胡椒 1 大匙、迷迭香粉 1/2 小匙

作 法 所有材料拌勻即可。

鹹 辣

炭烤用綜合香料

使用法：沾

材 料 西班牙紅椒粉、辣椒粉各 1 大匙；鹽 1/4 小匙、孜然粉、糖各 1/2 小匙；芥末粉、黑胡椒粉、乾燥百里香、乾燥奧勒岡、咖哩粉各 1 大匙

作 法 將所有材料混合均勻即可使用。

香煎漢堡肉

材　料　牛絞肉 1 杯、洋蔥碎 1/4 杯、蒜碎 1 小匙、起司片 1 片、奶油 1/2 小匙

調味料　鹽 1/2 小匙；普羅旺斯香料、義式香料、百里香、黑胡椒、西班牙紅椒粉各 1/4 小匙

作　法

1. 鍋中放入 1/2 大匙的油燒熱，放入洋蔥碎、蒜碎、百里香、黑胡椒炒香放涼備用。
2. 將炒好的料拌入牛絞肉中，繼續加入普羅旺斯香料、義式香料、西班牙紅椒粉、鹽、起司片、奶油拌勻摔出筋，分成每一份 190 克，再塑型成 7.5cm 寬、1.5cm 厚的圓扁型。
3. 用中小火將漢堡肉煎至兩面金黃熟透即可搭配醬料一起食用。

蜂蜜辣椒醬　使用法：淋、沾

材　料　醬油、蠔油、甜辣醬、檸檬汁、蜂蜜各 1/4 杯；辣椒粉 2 小匙；義式香料、蒜末、米酒各 1 大匙

作　法　所有材料攪拌均勻，即可搭配漢堡肉一起食用。

辣味蘑菇炒醬　使用法：淋、沾

材　料　洋蔥碎、蒜碎、辣椒末各 1 小匙；蘑菇片 50 克、奶油 30 克

調味料　水 1/2 杯、番茄醬 2 大匙、白醋 1 小匙、糖 2 小匙，素蠔油 1 小匙、BB 醬 1 小匙、鹽 1/4 小匙。

作　法　將材料用奶油爆香，加入調味料煮滾即可，可以加入適量的太白粉水勾芡，讓醬汁變濃稠。

黑胡椒奶油醬　使用法：淋、沾

材　料　洋蔥碎 1 大匙、紅蔥頭 1 小匙、奶油 1 小匙

調味料　黑胡椒碎 1 小匙、水 1/2 杯、米酒 1 小匙、牛排醬 2 小匙、醬油 1 小匙、烏醋 1 小匙

作　法　用奶油將洋蔥跟紅蔥頭炒香，加入調味料煮滾即可。可以加入適量的太白粉水，以太白粉 1 大匙；水 3 大匙的比例勾芡，讓醬汁變濃稠。

鹹

醃漬醬

使用法：沾

材　料　水 1 杯、蒜片 2 顆、月桂葉 2 片、百里香 1 支、薑 1 片、鹽 4 小匙、糖 2 小匙

作　法　將所有材料一起混合均勻即可過濾，加入適量在漢堡肉中使用。

蜂蜜芥末籽醬

使用法：淋、沾

材　料　法式芥末醬、芥末籽醬各 1/2 杯；蜂蜜 1 大匙、現磨胡椒 1/4 小匙、沙拉油 2 小匙、海鹽 1/2 小匙

作　法　將所有材料攪拌均勻即可。

鹹 辣

牛肝菌菇醬

使用法：淋、沾

材 料 牛肝菌菇粉、紅蔥頭碎、蒜頭碎、洋蔥碎各 1 大匙；牛骨肉汁 2 杯（P233）；鹽、胡椒各 1/4 小匙

作 法 將洋蔥碎、紅蔥頭碎、蒜頭碎炒香，加入牛肝菌菇粉拌勻。將炒好的料用打蛋器攪拌均勻備用；牛骨肉汁以小火濃縮至剩 1/2 的量，關火加入與拌勻的炒料並調味即可。

鹹 甜

小麥啤酒沾淋醬

使用法：淋、沾

材 料 牛骨肉汁 1 杯（P233）、小麥啤酒 1/4 杯；蘑菇片、洋蔥碎各 6 小匙；奶油、黑胡椒各 1 大匙；鹽 1/4 小匙

作 法 熱鍋下油炒蘑菇片，放入洋蔥炒香，再加入小麥啤酒、牛骨肉汁煮滾 15 分鐘，等到醬汁濃稠時，加入奶油乳化攪拌均勻、並用黑胡椒、鹽調味即完成。

爐烤肋眼牛排

材　料

美國肋眼150克

作　法

1. 肋眼用廚房紙巾吸乾血水，用鹽進行調味。
2. 將肋眼煎至上色，放入以250°C 預熱的烤箱中，烘烤 2-3 分鐘，再調降溫度至 165°C 繼續烘烤到個人喜歡的熟度，取出淋上醬汁即可享用。

牛骨髓醬汁

使用法：淋、沾

材　料 牛骨肉汁 2 杯（P233）、帶骨牛骨髓 1 杯、黑胡椒粒 1 大匙、鹽 1/4 小匙

作　法 牛骨髓以 180°C 烤 10 分鐘，將烤好的牛骨髓放入牛骨肉汁中，放入黑胡椒粒煮至縮稠後過濾，加入鹽調味即完成。

綠胡椒淋醬

使用法：淋、沾

材料 牛骨肉汁 1 杯（P233）、綠胡椒 1/4 杯、白蘭地 2 大匙、鹽 1 小匙

作　法 乾炒綠胡椒，炒出水分後嗆入白蘭地，加入牛骨肉汁熬煮至縮稠後過濾，加鹽調味即完成。

爐烤牛肋條

材　料　牛肋條 200 克、鹽 1/4 小匙

作　法

1. 牛肋條用廚房紙巾吸乾血水，用鹽進行調味。
2. 將牛肋條煎至上色，放入以 250°C 預熱的烤箱，烘烤 2-3 分鐘，再調降溫度至 165°C 繼續烘烤到個人喜歡的熟度，取出淋上醬汁即可享用。

〈淋醬、沾醬〉

洋蔥牛骨肉汁　使用法：淋、沾

材　料 牛骨肉汁 1 杯（P233）、洋蔥 1/4 杯、鹽 1 大匙（1 杯＝240cc）

作　法 洋蔥切碎。熱鍋下油炒洋蔥，加入牛骨肉汁縮稠後，用鹽調味後即完成。

蘑菇奶油牛骨醬汁 使用法：淋、沾

材　料 牛骨肉汁 1 杯（P233）、蘑菇片 1/2 杯、奶油 5 小匙；青蔥碎、白蘭地各 2 小匙；白酒 1/2 杯、巴西里碎 1/2 小匙、鹽 1/4 小匙（1 杯＝ 240cc）

作　法 熱鍋加入奶油，加入蘑菇拌炒至金黃，再加入青蔥炒勻，將白酒及白蘭地倒入，以中火將酒濃縮至一半，加入肉汁煮 20 分鐘到需要的濃稠度，關火後加入巴西里碎並且用鹽調味即可。

松露蘑菇胡椒醬

使用法：淋、沾

材　料 牛骨肉汁 1 杯（P233）、蘑菇片 1/2 杯；松露醬、黑胡椒各 1 大匙；松露油 1/2 小匙、鹽 1/4 小匙（1 杯＝ 240cc）

作　法 熱鍋下油煎蘑菇片，加入牛骨肉汁、黑胡椒、松露醬煮至縮稠，起鍋加入松露油、鹽調味即完成。

鹹

西班牙臘腸醬汁

使用法：淋、沾

材　料 牛骨肉汁 1 杯（P233）、西班牙臘腸 1/4 杯；奶油、黑胡椒各 1 大匙；鹽 1/4 小匙（1 杯＝ 240cc）

作　法 西班牙臘腸切片；下鍋熱油煎西班牙臘腸，加入牛骨肉汁煮滾縮稠，最後加入奶油乳化，並用黑胡椒、鹽調味即完成。

蘑菇奶油肉醬

使用法：淋、沾

材　料 牛骨肉汁 1 杯（P233）、蘑菇片 1/2 杯；奶油、黑胡椒各 1 大匙；鹽 1/4 小匙（1 杯＝ 240cc）

作　法 蘑菇切片，熱鍋下油煎蘑菇片至上色，加入牛骨肉汁、黑胡椒縮稠，最後加入奶油拌勻、鹽調味即可。

鹹

炸手工牛肉丸

材　料　牛絞肉 1/2 杯；洋蔥碎、麵包小丁各 1 大匙；奧勒岡葉、香蒜粉、黑胡椒粉各 1/4 小匙、義式綜合香料、蛋液、牛奶、麵包粉各 1/2 小匙

調味料　鹽 5 克、粗粒黑胡椒 2 克、起司粉 15 克

作　法

1. 將洋蔥碎炒香，以少許鹽調味。
2. 在麵包丁中加入牛奶及義式綜合香料拌勻備用。
3. 在絞肉中加入其他所有香料及蛋液後摔出筋性，加入洋蔥碎、調味料及麵包丁拌勻。
4. 將拌勻的絞肉以 1 顆 30 克均分，摔打後揉圓，放入冰箱冷凍至半凍狀態。
5. 取出、放入熱油中炸熟，加醬汁享用。

〈淋醬、煮醬〉

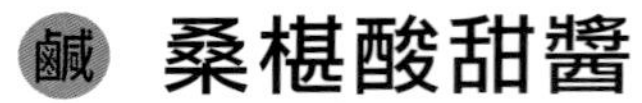

鹹 酸 桑椹酸甜醬

使用法：淋、沾

材　料　桑椹果醬 2 大匙、桑椹醋 1 大匙、糖 1 大匙

作　法　所有材料與調味料攪拌均勻即可。

辣 麻辣沾淋醬

使用法：淋、沾

材　料　蒜末 1 小匙、薑末 1 小匙

調味料　醬油膏 2 大匙、白醋 1 大醋、辣椒醬 1.5 小匙、辣油 1 小匙、花椒油 1 小匙、糖 2 小匙

作　法　將材料跟調味料攪拌均勻即可。

酸 甜 蔓越莓沾醬

使用法：炒、沾

調味料　蔓越莓糖漿 1 大匙、蔓越莓汁 3 大匙、蘭姆酒 1 小匙、糖 1 小匙

作　法　所有材料與調味料攪拌均勻即可。

照燒煮醬

使用法：煮

材　料 薑末 30 克、洋蔥末 50 克、水 100ml

調味料 糖 1/2 小匙、香油 1 小匙、醬油 1/4 杯、味醂 1/4 杯（1 杯＝ 240cc）

作　法 所有材料調勻即可放入肉丸一起烹煮。

鹹 酸

茄汁洋蔥醬

使用法：淋

材　料 牛番茄 60 克、水 1 /2 杯、洋蔥碎 50 克、鹽 1 小匙、糖 1/2 小匙、番茄醬 1/4 杯、醬油 1 大匙（1 杯＝ 240cc）

作　法 所有材料調勻煮滾，即可淋在肉丸上享用。

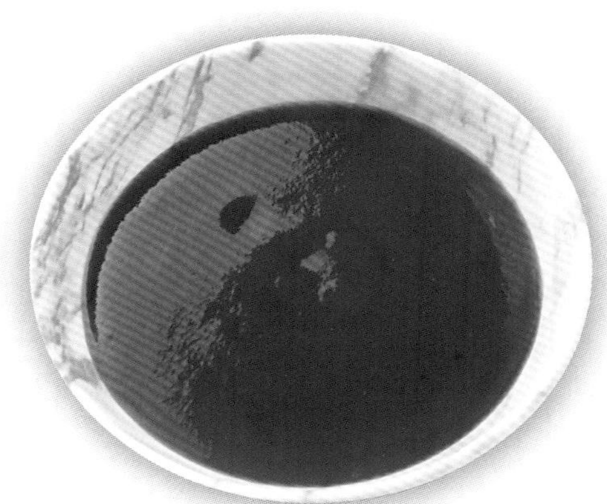

酸 甜

糖醋醬汁

使用法：淋、沾

材　料 水 3 大匙、白醋 3 大匙、番茄醬 3 大匙、糖 3 大匙、鹽 1/2 小匙

作　法 所有材料調勻小火煮滾，即可淋在肉丸上或當成沾醬享用。

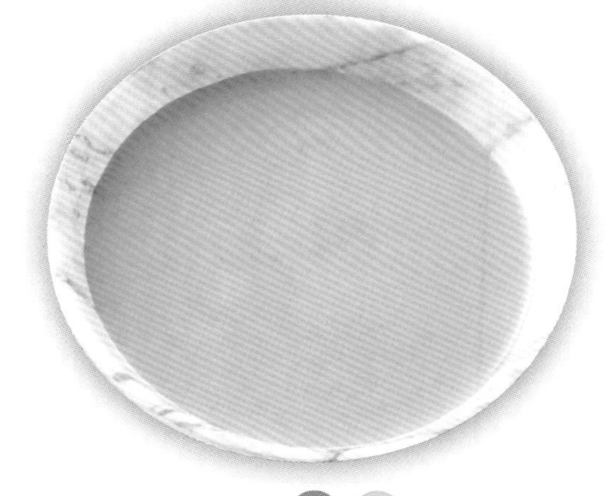

鹹 香

日式咖哩醬

使用法：淋

材　料 沙拉油 2 大匙、黑胡椒碎 1/2 小匙、水 1/2 杯、太白粉水 1 大匙

調味料 鹽 1 小匙、糖 1/2 小匙、咖哩粉 2 大匙、醬油 1 大匙

作　法 熱鍋燒油炒香咖哩粉，加入醬油、黑胡椒，加水煮滾，以鹽、糖調味後，用太白粉水勾芡即可淋在肉丸上享用。

炸牛肉絲

材　料　牛肉絲 300 克

調味料　鹽、胡椒粉各 1/4 小匙、玉米粉 1 小匙、沙拉油 1 大匙

作　法

1. 牛肉切絲加入調味料抓醃均勻。
2. 起油鍋，加熱至微溫即可，放入牛肉絲拌開炸 20 秒，撈起將油瀝乾，再搭配炒醬拌炒食用。

〈淋醬、拌醬〉

辣根淋拌醬

使用法：淋、拌

材　料　新鮮辣根碎 4 小匙；芥末、白酒醋各 1 大匙；卡晏辣椒粉 1/2 小匙、鮮奶油 3 小匙；鹽、胡椒各 1/4 小匙

作　法　新鮮辣根碎加入芥末，再加入辣椒粉和鮮奶油，以打蛋器拌勻，加醋後再用打蛋器快速攪拌，以鹽、胡椒調味即完成。

起司淋拌醬

使用法：淋、拌

材　料　帕馬森起司 1/2 杯、白酒 2 杯、紅蔥頭片 1 大匙、蒜頭片 1/2 小匙、鮮奶油 3/4 杯、鹽 1/4 小匙（1 杯＝ 240cc）

作　法　紅蔥頭、蒜片加白酒煮縮剩 1/2 時過濾，加入鮮奶油煮滾，拌入起司調濃稠度，以鹽調味即完成。

鹹 酸

番茄乳酪淋醬

使用法：淋、拌

材 料 去皮牛番茄塊3杯、洋蔥碎3/4杯；紅蘿蔔碎、西芹碎各1/4杯；番茄糊、羅勒、細砂糖各1大匙；蒜碎、橄欖油各2小匙；紅酒1/2杯、雞高湯4杯、香草束1束；鹽、胡椒各1/4小匙；帕瑪森起司粉1大匙

作 法 鍋中倒入橄欖油燒熱，放入洋蔥及蒜頭炒香，加入西芹及紅蘿蔔炒至金黃，再加入番茄、番茄糊、羅勒，糖及紅酒煮至濃縮到一半，加入高湯及香草束直到番茄變軟，把香料束取出，用果汁機將番茄醬汁打成細緻的質地再煮成需要的濃稠度，關火加入帕瑪森起司粉與鹽、胡椒調味即可。

鹹 辣

辣味奶油醬汁

使用法：淋、拌

材 料 奶油醬1杯、西班牙紅椒粉1大匙（1杯＝240cc）

作 法 將奶油醬汁煮至微滾後加入西班牙紅椒粉拌勻後完成。

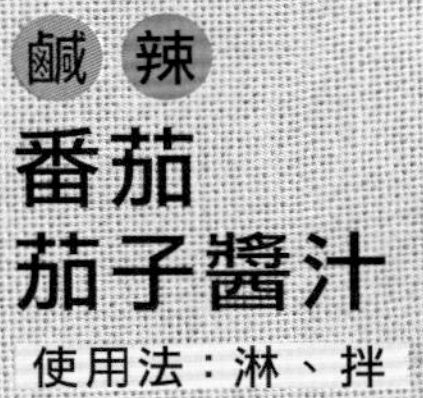

鹹 辣

番茄茄子醬汁

使用法：淋、拌

材 料 去皮小番茄碎3杯、茄子塊2杯；辣椒、蒜碎、巴西里碎、羅勒碎、紅椒粉各1/2小匙；紅酒1/2杯、雞高湯2杯；橄欖油4小匙；鹽、胡椒各1/4小匙（1杯＝240cc）

作 法 鍋子加入橄欖油燒熱，加入蒜頭、辣椒以小火炒至金黃，將辣椒挑起來，加入茄子及高湯煮10分鐘，加入紅酒、小番茄、紅椒粉煮35分鐘，用果汁機打勻，再煮成需要的濃稠度，關火後加巴西里及羅勒，加入鹽、胡椒拌勻即可。

鹹

印度馬沙拉醬汁

使用法：淋、拌

材 料 去皮青蘋果塊1杯、原味優酪乳7小匙、香菜汁4小匙、薄荷汁2小匙、青辣椒1/4杯、蔥1/2杯；蒜、薑、橄欖油各1大匙；鹽 & 糖1/4各小匙（1杯＝240cc）

作 法 將蘋果及所以材料用均質機打勻，熱鍋加油再加入醬汁煮3分鐘，加入一半的優酪乳煮至收乾，最後再加入剩餘的優酪乳煮5分鐘並加入剩餘材料即可。

香 辣

芥末奶油醬汁

使用法：淋、拌

材 料 黃芥末1杯、奶油醬汁1/4杯（1杯＝240cc）

作 法 將芥末加入奶油醬汁中一起拌勻即完成。

鹹

西班牙淋醬 使用法：淋、拌

材　料 牛骨高湯1杯（P233）紅蘿蔔、西芹、洋蔥各1/4杯；月桂葉、百里香、褐色麵糊各1大匙；鹽1/4小匙；橄欖油（1杯＝240cc）

作　法 鍋中加入橄欖油燒熱，加入洋蔥炒香，再加入西芹、紅蘿蔔炒至金黃，加入牛骨高湯、褐色麵糊攪拌均勻，且加入香料。再將醬汁煮滾轉小火煮至醬汁剩一半過濾後再煮成需要的濃稠度，用鹽調味即可。

香

茴香優格醬汁 使用法：淋、拌

材　料 原味優酪乳1.5杯、洋蔥碎1/2杯；蒜碎、薑碎、茴香粉各1大匙；小豆蔻、鹽、胡椒各1/4小匙；橄欖油2小匙（1杯＝240cc）

作　法 熱鍋下油加入小豆蔻炒5分鐘，加入洋蔥、蒜、薑炒5分鐘，再加入一半的優酪乳收乾，再加入剩下的優酪乳煮3分鐘，加入剩餘材料拌勻即可。

香 辣

牛骨肉汁威士忌醬 使用法：淋、拌

材　料 牛骨肉汁1杯（P233）、威士忌4小匙、蘑菇片2小匙、洋蔥碎6小匙；奶油、黑胡椒各1大匙；鹽1/4小匙（1杯＝240cc）

作　法 熱鍋下油炒蘑菇片、洋蔥，加入威士忌，倒入牛骨肉汁煮滾15分鐘，醬汁濃稠時，加入奶油乳化，並以鹽、胡椒調味即可。

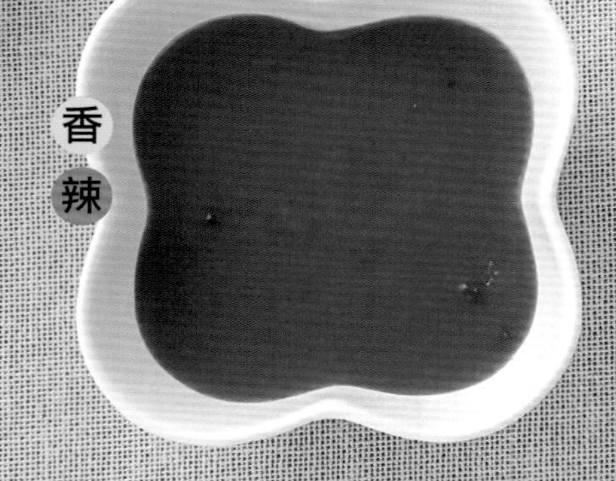

香 辣

馬德拉酒醬 使用法：淋、拌

材　料 牛骨高湯（P233）、馬拉德酒各1杯；紅蔥頭碎、蒜頭碎、黑胡椒、奶油各1大匙；鹽1/4小匙（1杯＝240cc）

作　法 將馬德拉酒以小火煮至沒有聞到酒味。將紅蔥頭、蒜頭放入牛骨高湯煮滾，加入馬德拉酒、奶油一起拌勻，加入鹽、胡椒調味即可。

香 辣

松露醬汁 使用法：淋、拌

材　料 牛骨肉汁1杯（P233）；松露醬、黑胡椒各1大匙；松露油1/2小匙、鹽1/4小匙（1杯＝240cc）

作　法 鍋中放入牛骨肉汁、黑胡椒、松露醬煮至縮稠，起鍋後加入松露油、鹽調味即完成。

炸牛肩肉

材　料

牛肩肉500克；鹽、胡椒粉各1/4小匙；酥炸粉、水適量

作　法

1. 將牛肩肉洗淨、用廚房紙巾將肉的表面水分擦乾。
2. 將鹽、胡椒均勻抹在牛肩肉上。
3. 將酥炸粉水調勻，將牛肩肉塊放入均勻沾裹備用。
4. 熱鍋熱油，油溫約為180°C，將牛肩肉塊放入油中油炸，直到呈現金黃酥脆，取出、瀝乾，即可搭配醬料食用。

〈淋醬、拌醬〉

花椒醬汁

香辣

使用法：淋、拌

材　料 牛骨肉汁1杯（P233）、花椒粉1大匙、奶油1大匙、黑胡椒1大匙、鹽1大匙（1杯＝240cc）

作　法 牛骨肉汁加入花椒煮至縮稠，過濾後加入奶油、黑胡椒及鹽調味即完成。

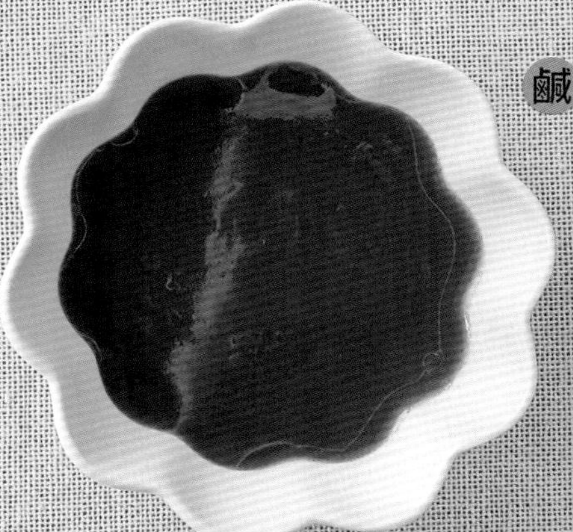

洋蔥肉淋醬

鹹

使用法：淋、拌

材　料 牛骨肉汁1杯（P233）、洋蔥碎1/4杯、鹽1大匙（1杯＝240cc）

作　法 熱鍋下油炒洋蔥，加入牛骨肉汁、煮縮稠，用鹽調味即完成。

CHAPTER 2

換·個·醬·料

就能讓餐桌每道料理有滋有味！

做出風味無限的吮指滋味

雞蛋·雞肉篇

鹹 甜 蒜泥油膏

使用法：沾

材 料 蒜泥 1 大匙

調味料 醬油膏 1/2 杯、糖 1 小匙

作 法 所有材料與調味料調勻即可搭配水煮蛋享用。

甜 辣 山葵美乃滋

使用法：沾

材 料 洋蔥末 1 大匙

調味料 山葵醬 2 小匙、美乃滋 3 大匙

作 法 所有材料與調味料調勻即可搭配水煮蛋一起享用。

水煮蛋

材 料 雞蛋 6 個

調味料 鹽 1 小匙、白醋 1 大匙

作 法

1. 雞蛋放入鍋中，加清水蓋過，加入調味料，中火煮至水滾。
2. 關火加蓋浸泡 8 分鐘後撈起瀝乾。
3. 用冷水沖洗 1 分鐘降溫。
4. 放涼後去殼、切片擺盤，即可搭配沾醬食用。

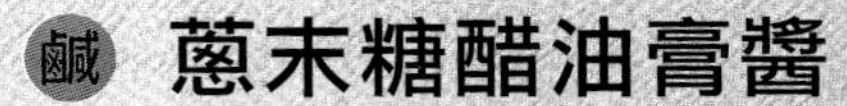

鹹甜 蔥末糖醋油膏醬

使用法：沾

材 料 蔥末 1 大匙

調味料 醬油膏 2 大匙、水 1 大匙、橄欖油 1/2 大匙、糖 3 大匙、白醋 1 大匙

作 法 所有材料與調味料一起攪拌均勻即可。

鹹香 凱薩沙拉淋醬

使用法：沾、淋

材 料 沙拉油、橄欖油各 1/2 杯；蛋黃 4 大匙；蒜碎、芥末籽醬、鯷魚碎各 1 大匙；酸豆碎 1/2 大匙；Tabasco〈塔巴斯科辣椒醬〉、黑胡椒碎、梅林醬油、檸檬汁、帕馬森起司粉各 1/4 大匙（1 杯＝ 240cc）

作 法 將沙拉油和橄欖油充分混合。蛋黃和少許芥末籽醬加入鋼盆打至微微起泡，邊打邊緩慢地將油倒入，打出美乃滋狀。將剩餘材料混合均勻後加入美乃滋中，再用食物調理機或打蛋器充分混合。

鹹鮮 蛋黃沾淋醬

使用法：沾、淋

材 料 蛋黃 6 大匙、沙拉油 1/2 杯、鹽 1/4 大匙（1 杯＝ 240cc）

作 法 蛋黃打發，加入沙拉油打發至濃稠並調味即可。

鹹辣 穆斯林醬汁

使用法：拌

材 料 紅辣椒泥 1/2 杯；核桃、檸檬汁、石榴糖漿、蒜頭各 1 大匙；麵包粉 2 大匙；辣椒粉、孜然粉、鹽各 1/4 大匙（1 杯＝ 240cc）

作 法 將所有材料放入食物調理機中打至細膩質地並且調味即可。

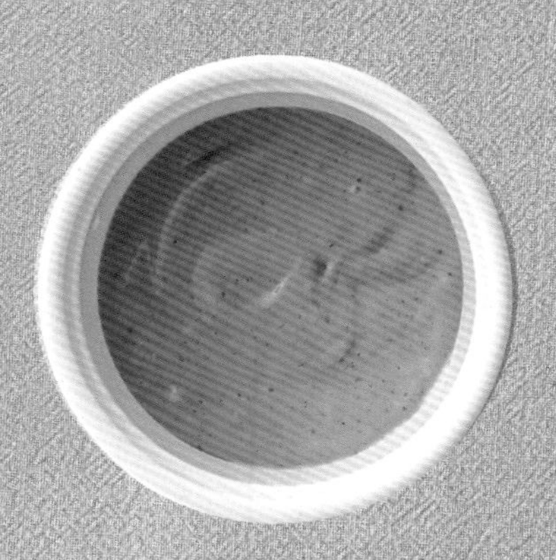

〈拌、沾醬〉

鹹 香

法式奶油醬汁

使用法：拌、沾

材 料 奶油、鮮奶油各 1/2 杯；洋蔥碎 2 杯；巴西里、鹽各 1/4 大匙（1 杯＝240cc）

作 法 奶油融化加入洋蔥碎炒香，關火後加入鮮奶油及巴西里拌勻並且調味即可。

鹹 辣

香草班尼士醬汁

使用法：拌、沾

材 料 澄清奶油 3/4 杯；乾蔥碎、巴西里各 1 大匙；胡椒、辣椒粉、檸檬汁各 1/2 大匙；蛋黃 3 大匙、香檳醋 4 大匙（1 杯＝240cc）

作 法 乾蔥與香檳醋煮至濃縮剩下 1/4，加入剩餘所有材料 (澄清奶油以外)，隔水加熱至濃密泡沫，離火後拌入澄清奶油即完成。

鹹 辣

荷蘭醬汁

使用法：拌、沾

材 料 紅蔥頭、香檳醋、白酒、蛋黃、檸檬汁各 2 大匙；水 4 大匙；黑胡椒粉、鹽各 1/4 大匙；融化奶油 3/4 杯（1 杯＝240cc）

作 法 將紅蔥頭、香檳醋、水、白酒、黑胡椒粉放入鍋中煮 5 分鐘，過濾。將香料汁加入蛋黃，隔水加熱至打發出綿密泡沫，離火加入融化奶油攪拌至濃稠，最後加入檸檬汁並且用鹽調味即可。

水波蛋

材 料

雞蛋 1 顆、醋 1/2 大匙

作 法

1. 鍋中放入 600 cc 的水煮滾，加入醋。
2. 拿湯匙將水順時鐘攪拌轉成漩渦後加入蛋。
3. 轉小火煮至蛋白全熟即可取出。

荷包蛋

材　　料　雞蛋 3 個

調味料　鹽 1/4 小匙

作　　法

1. 雞蛋去殼打入碗中。
2. 煎鍋燒熱加入油 2 大匙，撒入鹽輕輕地倒入雞蛋。
3. 中小火將荷包蛋單面煎至 8 分熟後，單邊翻面，折如半月狀。
4. 續煎至喜歡的熟度，即可加入煮醬煮 30 秒後盛盤食用。

鹹　香

麻油煮醬

使用法：燒煮

材　料 薑末 1 小匙、黑麻油 2 大匙、醬油膏 1 大匙、烤肉醬 1 小匙

作　法 所有材料攪拌均勻即可與煎好的荷包蛋一起燒煮入味。

香　鹹　辣

酒釀醬

使用法：燒煮

材　料 酒釀 1 大匙、蒜末 1 小匙、辣椒 1 小匙

調味料 蝦油 1 大匙、糖 1 小匙、香油 1/4 小匙

作　法 所有材料與調味料攪拌均勻即可與煎好的荷包蛋一起燒煮入味。

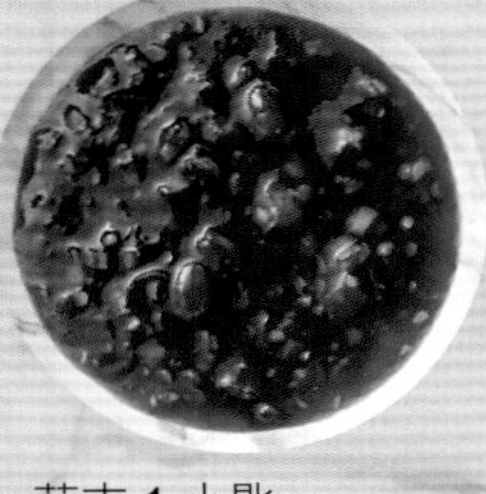

鹹　甜　香　辣

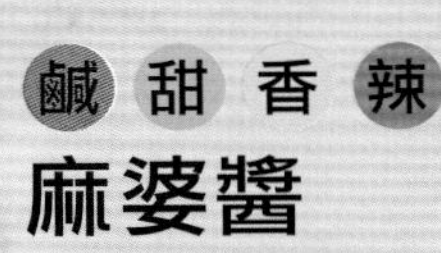

麻婆醬

使用法：燒煮

材　料 蔥花 1 小匙、蒜末 1 小匙

調味料 辣豆瓣醬 1 大匙、醬油膏 1 大匙、糖 1 小匙、味醂 1 小匙、花椒油 1/2 小匙

作　法 所有材料與調味料攪拌均勻即可與煎好的荷包蛋一起燒煮入味。

香　鹹　辣

爪哇咖哩醬

使用法：燒煮

材　料 洋蔥末 1 大匙

調味料 咖哩粉 1 大匙、純白胡椒粉 1 小匙、辣椒醬 1 小匙、素蠔油 2 大匙、味醂 1 大匙

作　法 洋蔥末用 2 大匙沙拉油炒至焦黃色關火，放入所有調味料攪拌均勻即可。

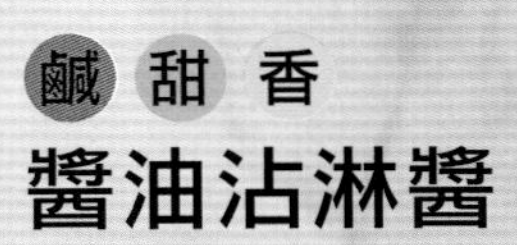

鹹　甜　香

醬油沾淋醬

使用法：燒煮

材　料 蔥花 1 小匙

調味料 醬油 2 大匙、冰糖 1 小匙、香油 1 小匙

作　法 所有材料與調味料攪拌均勻即可與煎好的荷包蛋一起燒煮入味。

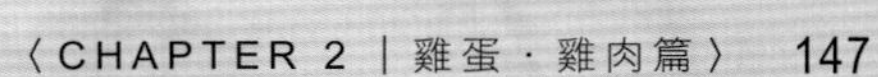

歐姆蛋

材　料

雞蛋 3 顆、鮮奶油 2 大匙

作　法

1. 將所有材料攪拌均勻後過濾備用。
2. 使用不沾鍋，熱鍋下油加入蛋液，快速攪拌至半熟。
3. 將蛋折橄欖型即可取出搭配醬料一起食用。

〈沾醬、淋醬〉

鹹 香

羅勒檸檬蛋黃醬

使用法：沾、淋

材　料 蛋黃 6 大匙、沙拉油 1/2 杯；羅勒、檸檬皮各 1 大匙；鹽 1/4 大匙（1 杯＝240cc）

作　法 羅勒切碎；蛋黃打發後加入沙拉油打發至濃稠，再加入羅勒及檸檬皮，並調味即可使用。

香 辣

香辣蛋黃醬汁

使用法：沾、淋

材　料 蛋黃 6 大匙、沙拉油 1/2 杯、辣椒粉 1 大匙、鹽 1/4 大匙（1 杯＝240cc）

作　法 蛋黃打發，加入沙拉油打發至濃稠，再加入辣椒粉、鹽進行調味，即可搭配歐姆蛋。

鹹 香

大蒜蛋黃醬汁

使用法：沾、淋

材　料 蛋黃 6 大匙、沙拉油 1/2 杯、鹽 1/4 大匙、大蒜碎 1 大匙（1 杯＝240cc）

作　法 蛋黃打發，加入沙拉油打發至濃稠，再加入蒜碎並用鹽進行調味，即可搭配歐姆蛋。

水煮玉米雞

材　料

玉米雞 1 隻

作　法

1. 玉米雞放入清水中，水量蓋過，稍微按摩一下，將血水清洗乾淨。
2. 準備一鍋水燒開，抓著雞頭放入滾水中浸泡 2 秒再提起，重複約 3 次。
3. 關小火，玉米雞放入鍋中，加蓋燜煮 20 分鐘後關火，再浸泡 20 分鐘，確認雞肉是否熟透。
4. 撈起放涼後，切片擺盤，即可搭配沾醬食用。

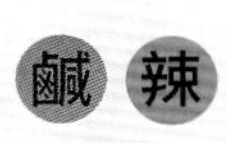

腐乳味噌醬

使用法：沾、淋

材　料 辣豆腐乳 1 塊、韓國味噌 1 小匙

調味料 是拉差辣椒醬 2 小匙、糖 2 小匙、味醂 1 大匙

作　法 所有材料與調味料攪拌均勻即可。

甜 香

紹興酒香汁

使用法：淋、沾

材　料 枸杞 10 克、花椒粒 4 克、八角 2 克、當歸 1 克、甘草 3 克

調味料 糖 25 克、蝦油 160 克、冰塊 120 克、米酒 1 杯、紹興 1 杯（1 杯＝ 240cc）

作　法 材料與糖放入熱開水 200 克中，浸泡 15 分鐘，加入其它調味料攪拌均勻即可使用。如要更入味，可將煮熟的雞肉切塊放涼，加入醬汁中浸泡 48 小時。

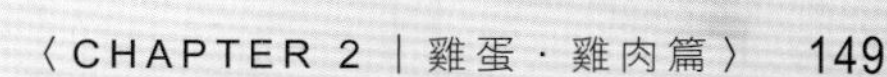

鹹 辣

辣豆瓣沾醬

使用法：沾、淋

材 料 蔥末 1 小匙、蒜末 1 小匙、黃豆醬 2 小匙、辣豆瓣醬 1 大匙

調味料 素蠔油 2 大匙、白醋 1 大匙、紅露酒 1 大匙、糖 2 小匙、香油 1 小匙

作 法 所有材料與調味料攪拌均勻即可。

甜 香

火龍果紅焰醬

使用法：沾、淋

材 料 火龍果 30 克

調味料 美乃滋 2 大匙、果糖 1 小匙、蝦油 1 小匙

作 法 火龍果洗淨去皮切小粒，所有材料與調味料攪拌均勻即可使用。

鹹 香

蔥油沾淋醬

使用法：沾、淋

材 料 蔥末 3 大匙、薑末 1 大匙

調味料 椒鹽粉 1 小匙、鹽 1/4 小匙、山奈粉 1/4 小匙、沙拉油 1/4 杯（1 杯＝240cc）

作 法 材料與調味料（沙拉油除外）放入耐熱碗中攪拌均勻。沙拉油加熱至 140 度，淋入耐熱碗中攪拌均勻。靜置 10 分鐘後，即可使用。

鹹 香

開胃茄香醬

使用法：沾、淋

材 料 香菜末 3 克

調味料 番茄醬 3 大匙、烏醋 1 大匙、A1 牛排醬 1 小匙、香油 1 小匙

作 法 所有材料與調味料攪拌均勻即可。

鹹 酸

柚香沾淋醬

使用法：沾、淋

材 料 葡萄柚果肉碎 1 大匙

調味料 A: 水 2/3 杯、味醂 1 大匙、柴魚醬油 2 小匙；米酒、白醋各 1 小匙；糖 2 小匙。B：檸檬汁 2 小匙、葡萄柚汁 1 大匙。（1 杯＝ 240cc）

作 法 將調味料 A 煮滾放涼，再加入調味料 B 與材料一同拌勻。

鹹 香

芝麻沾淋醬

使用法：沾、淋

材 料 蒜末 2 小匙

調味料 白醋 2 大匙、飲用水 1/2 杯；醬油膏、芝麻醬、糖各 1 大匙；香油 1 小匙（1 杯＝ 240cc）

作 法 將材料跟調味料攪拌均勻即可。特別注意使用的水必須是可以直接飲用的。

辣

朝天椒辣椒醬

使用法：沾、淋

材 料 蒜末 1 小匙、朝天椒末 1 小匙、紅辣椒 1 大匙

調味料 沙拉油 1/2 杯、鹽 1/2 小匙、糖 2 小匙（1 杯＝ 240cc）

作 法 用油將材料炒香後，放入其他調味料後放涼即可。

酸 鹹 甜

檸檬醬

使用法：沾、淋

材 料 檸檬 1 個、豆腐乳 1 塊

調味料 蜂蜜 1 大匙、鹽 1/4 小匙、椒鹽粉 1 小匙

作 法 檸檬洗淨擠汁，取 2 大匙，果肉 1 大匙，檸檬皮少許。再把所有材料與調味料攪拌均勻即可。

炒雞胸肉丁

材　料　雞胸肉 300 克

調味料　鹽、糖各 1/4 小匙；米酒、香油、太白粉各 1 小匙

作　法

1. 雞胸肉切丁加入調味料抓醃均勻。
2. 炒鍋放入沙拉油 2 大匙，加熱至微溫即可。
3. 放入雞丁拌炒 40 秒，再加入炒醬拌炒均勻，即可食用。

〈沾、淋、炒醬〉

番茄風味醬

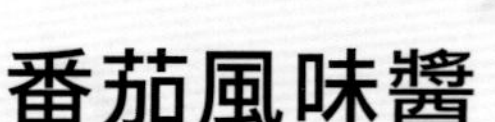

材　料 番茄 1/2 個、蔥花 1 大匙

調味料 番茄醬 3 大匙；蝦油、米酒各 1 大匙；糖 1 小匙、白胡椒粉 1/4 小匙

作　法 番茄洗淨切小粒狀。番茄粒與所有材料與調味料攪拌均勻即可。

鹹 酸 甜

左宗棠炒醬

使用法：沾、淋、炒

調味料 番茄醬 2 大匙、素蠔油 1 大匙、白醋 1 大匙、烏醋 1 小匙、梅林醬 1 小匙、糖 1 大匙、椒鹽粉 1/4 小匙

作　法 所有材料與調味料攪拌均勻即可與雞肉一起拌炒。

宮保炒醬

使用法：炒

材　料 乾辣椒碎 2 大匙

調味料 素蠔油、白醋各 2 小匙；糖、醬油、辣油、烏醋各 1 小匙；米酒 1 大匙、白胡椒粉 1/4 小匙、花椒油 1/2 小匙

作　法 所有材料與調味料攪拌均勻即可與雞肉一起拌炒。

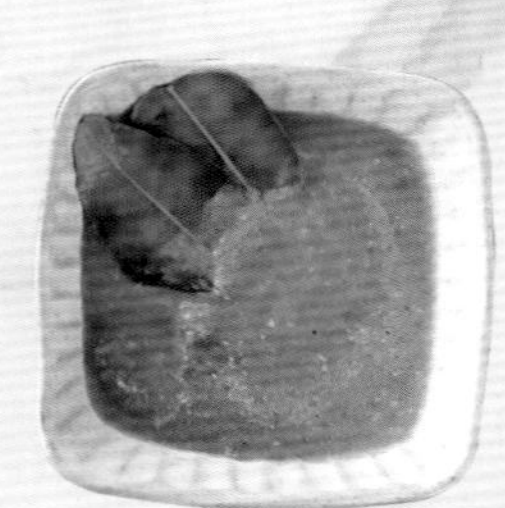

辣 鹹 香

綠咖哩炒醬

使用法：炒

材　料 綠咖哩醬 2 大匙；椰漿、檸檬汁各 1 大匙；檸檬葉 2 片

調味料 魚露 1 大匙、糖 1 小匙

作　法 所有材料與調味料攪拌均勻即可與雞肉一起拌炒。

鹹 酸 甜

緬式咖哩醬

使用法：沾、淋、炒

材　料 紅咖哩醬2大匙、南薑末2小匙、蒜末1大匙、味醂2大匙

調味料 魚露1大匙、糖1小匙

作　法 所有材料與調味料攪拌均勻即可。

打拋鹹辣炒醬

使用法：沾、淋、炒

材　料 辣椒圈1大匙

調味料 糖1大匙、檸檬汁2大匙、醬油1/4杯、魚露1/4杯、胡椒粉2小匙

作　法 所有材料與調味料調勻即可和雞胸肉拌炒。

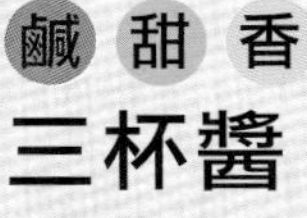

三杯醬

使用法：炒

材　料 老薑40克、蒜末2大匙、九層塔5克

調味料 黑麻油1/4杯、醬油1大匙、素蠔油2大匙、米酒1/4杯、糖4小匙

作　法 將老薑外皮刷洗乾淨、切片。鍋中倒入黑麻油用小火將老薑煸乾，放入剩餘材料與調味料一起拌勻，放入雞丁炒至收汁即可。

老甕酒香醬

使用法：沾、淋、炒

材　料 酒釀1大匙、蔥花1大匙、薑末1小匙、蒜末1大匙

調味料 烤肉醬2大匙、是拉差辣椒醬1大匙、糖2小匙、米酒2大匙

作　法 所有材料與調味料攪拌均勻即可與雞肉一起拌炒。

辣 鹹

韓式泡菜醬

使用法：沾、淋、炒

材　料 韓國泡菜碎30克、洋蔥末1大匙

調味料 韓國辣醬1大匙、味醂1大匙、蝦油1小匙、梅林醬1小匙、香油1小匙

作　法 所有材料與調味料攪拌均勻即可與雞肉一起拌炒。

蒸雞肉捲

〈沾、淋、拌醬〉

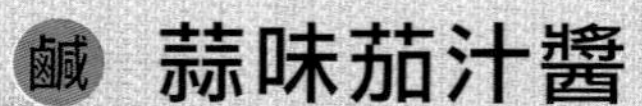

蒜味茄汁醬

鹹 酸

使用法：沾、淋、拌

材　料 蒜末 1 大匙

調味料 番茄醬 2 大匙；醬油膏、糖、白醋、香油各 1 小匙

作　法 將材料跟調味料攪拌均勻即可。

炒手醬

辣 香

使用法：沾、淋、拌

材　料 蒜末 1 小匙、花椒粉 1.5 小匙

調味料 醬油 2 大匙、烏醋 1 大匙、糖 2 小匙、水 2 大匙

作　法 將調味料煮滾後再加入蒜末跟花椒粉即可。花椒粉可以改用花椒油替代。

花椒香麻醬

辣 鹹

使用法：沾、淋、拌

材　料 花椒粒 1 小匙、蔥花 1 小匙

調味料 海鮮醬 2 大匙、辣豆瓣醬 1 大匙；辣油、花椒油各 1 小匙

作　法 所有材料與調味料攪拌均勻即可。

材　料　去骨仿土雞腿1支

調味料　鹽1/2小匙、糖1/4小匙、太白粉1小匙

作　法

1. 將雞腿肉較厚的部分切開，讓肉呈現平整，切好後撒上調味料抹均勻。
2. 用鋁箔紙把雞腿肉捲起來，左右兩側要捲緊。
3. 放入電鍋，外鍋放1杯水，蒸至雞肉熟透。
4. 取出放涼後，去除鋁箔紙後切片、擺盤，即可搭配沾醬食用。

鹹香 烤肉醬

使用法：沾、淋、拌

材　料 蒜末2小匙、薑末1小匙

調味料 醬油膏、香油各2小匙；辣椒粉1小匙；糖、水各2大匙；白胡椒粉1.5小匙

作　法 將材料跟調味料攪拌在一起煮滾即可。

酸甜 西寧汁

使用法：沾、淋、拌

材　料 檸檬汁1大匙

調味料 白醋1/4杯、糖1大匙、鹽1/4小匙、七喜1/2杯（1杯＝240cc）

作　法 所有材料加熱調勻即可當作沾醬享用。

鹹辣 油雞醬

使用法：沾、淋、拌

材　料 紅蘿蔔碎15克、洋蔥碎10克、辣椒碎1支、白胡椒粒5克、陳皮絲1小片

調味料 水1杯；醬油、蠔油各1大匙；冰糖2小匙；鹽1小匙（1杯＝240cc）

作　法 將材料跟調味料一起煮滾，小火煮10分鐘即可。

鹹香 海山醬

使用法：沾、淋、拌

材　料 海山醬3大匙；黃味噌、糖各1大匙；醬油膏、香油各1小匙；水1/2杯（1杯＝240cc）

作　法 將材料放入鍋中煮滾即可。

鹹 培根蘑菇拌淋醬 使用法：拌、淋

材 料 培根丁、蘑菇片各 1/4 杯；雞骨肉汁 2 杯（P173）、巴西里碎 1 大匙；鹽、胡椒各 1/4 大匙（1 杯＝ 240cc）

作 法 熱鍋下油後把培根及蘑菇煎至金黃，再加入雞骨肉汁，以小火煮至濃縮到 1/2 的量，關火後加入巴西里碎，最後用鹽、胡椒調味即可。

鹹 普羅旺斯拌醬 使用法：拌、淋

材 料 普羅旺斯香料粉 1/2 大匙、雞骨肉汁 2 杯（P173）、巴西里 1 大匙；鹽、胡椒各 1/4 大匙（1 杯＝ 240cc）

作 法 巴西里切碎備用。將雞骨肉汁煮到濃縮至剩下 1/2 的量，關火加入巴西里碎及普羅旺斯香料並調味即可。

鹹 青醬奶油拌醬 使用法：拌、淋

材 料 青醬 1 大匙、無鹽奶油 1 大匙、雞骨肉汁 2 杯（P173）；鹽、胡椒各 1/4 大匙（1 杯＝ 240cc）

作 法 青醬與奶油用打蛋器拌勻。雞骨肉汁以小火煮至濃縮到 1/2 的量，關火後加入青醬奶油，最後用鹽、胡椒調味即可。

鹹 香 咖哩醬汁 使用法：拌、淋

材料 A 月桂葉 1/4 大匙、檸檬葉 1/2 大匙；橄欖油、蔥碎各 1/4 杯（1 杯＝ 240cc）

材料 B 黃咖哩 1/2 大匙、咖哩粉 1 大匙、蘋果丁 1 杯、椰漿 3/4 杯；鹽、糖各 1/2 大匙

作 法 將材料 A 炒過，加入材料 B 中的黃咖哩糊、咖哩粉，再加入椰漿、蘋果丁煮滾，最後加入鹽、糖調味即可使用。

鹹 芥末奶油淋拌醬

使用法：拌、淋

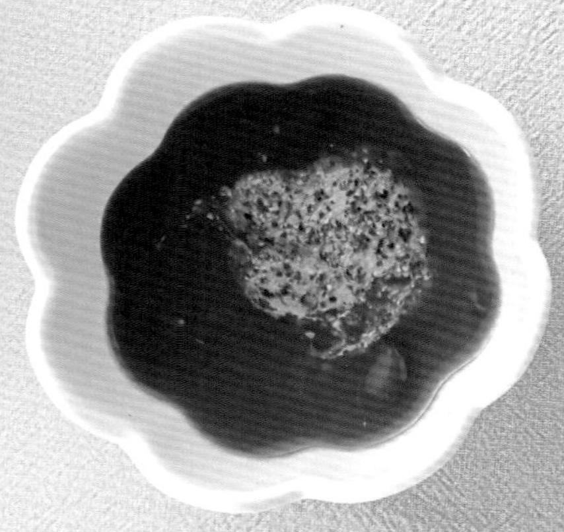

材 料 芥末籽醬、無鹽奶油各 1 大匙；雞骨肉汁 2 杯 (P173)；鹽、胡椒各 1/4 大匙（1 杯＝ 240cc）

作 法 芥末籽與奶油用打蛋器攪拌均勻。雞骨肉汁以小火煮至濃縮到 1/2 的量，關火後加入芥末奶油，最後用鹽、胡椒調味即可。

舒肥雞胸肉

材料 A 雞胸 1 片

材料 B 冷水 1000cc、大蒜 15 克、月桂葉 2 片、百里香 3 克、黑胡椒 4 克、鹽 30 克、糖 10 克

作　法

1. 將雞胸肉邊緣的油脂修除。
2. 將材料 B 中的大蒜拍扁，把所有材料與雞胸一起放入容器內，拌勻。浸泡時間大約 2 小時，即可取出，使用舒肥機以 68℃舒肥，時間約為 60 分鐘，取出、冰鎮。

香
辣

檸檬草南薑孜然沾醬

使用法：拌、淋

材料 A 檸檬草、南薑、孜然、芫荽籽、蒜瓣各 1 大匙；泰國青辣椒 2 大匙

材料 B 鹽 1/2 大匙、白胡椒粒 1 大匙；檸檬皮、泰式蝦醬各 1 大匙

作　法 將材料 A 炒過。材料 B 用果汁機打成細緻的泥，加入材料 A 混合均勻即完成。

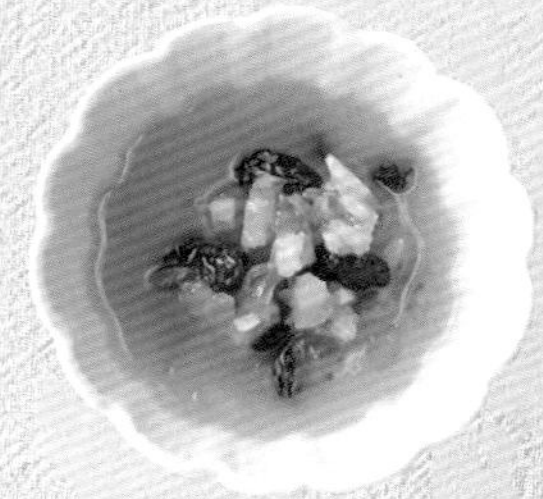

酸
甜

金桔龍眼蜜醬

使用法：拌、淋

材　料 金桔果乾 1/4 杯；葡萄乾、鳳梨各 1 大匙；龍眼蜜 1/2 杯、鹽 1/4 大匙、水 1/4 杯（1 杯＝240cc）

作　法 金桔果乾切碎、鳳梨切小丁；將龍眼蜜和水混合均勻，拌入切好的鳳梨、金桔和葡萄乾，最後用鹽調味即完成。

鹹

辣味沙嗲醬

使用法：拌、淋

材　料 花生醬 1/5 杯、花生油 2/5 杯、黃咖哩糊 1 大匙、醋 10 大匙；糖、魚露、椰漿各 6 大匙；鹽、胡椒各 1 大匙（1 杯＝240cc）

作　法 將花生醬、花生油、黃咖哩糊以打蛋器混合均勻，加入醋、糖、魚露拌勻，最後加入椰漿，並以鹽、胡椒調味。

舒肥
雞腿肉

材料 A　去骨雞腿肉 1 片

材料 B　冷水 1000cc、大蒜 15 克、月桂葉 2 片、百里香 3 克、黑胡椒 4 克、鹽 30 克、糖 10 克

作　法

1. 將雞腿肉較厚的部分切開，讓肉呈現平整。
2. 將材料 B 中的大蒜拍扁，把所有材料與雞腿肉一起放入容器內拌勻。浸泡時間大約 2 小時，即可取出。
3. 用鋁箔紙把雞腿肉捲起來，左右兩側要捲緊，使用舒肥機以 68℃ 舒肥，時間約為 60 分鐘，取出、去除鋁箔紙後切片、擺盤，即可搭配沾醬食用。

〈沾、拌、淋醬〉

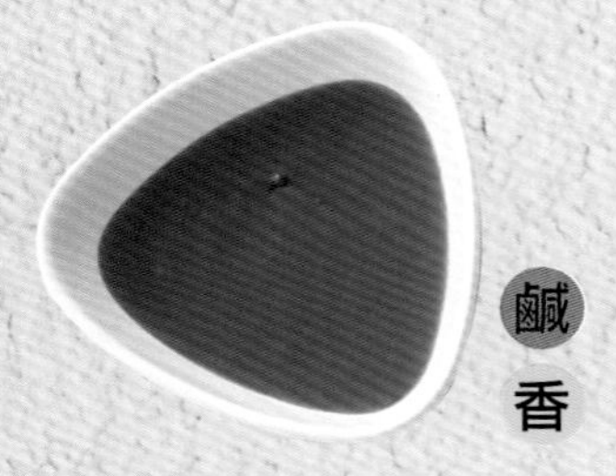

鹹
香

雞骨肉汁淋拌醬

使用法：沾、拌、淋

材　料　雞骨 5 公斤；番茄糊、月桂葉、百里香各 1 大匙；紅蘿蔔塊、西芹塊、洋蔥塊、紅酒各 1 杯（1 杯＝ 240cc）

作　法　雞骨放入烤箱，以 200℃ 烤 1 小時直到烤上色，取出。把紅酒煮到濃縮至 1/2 的量；熱鍋下油炒香紅蘿蔔塊、西芹塊、洋蔥塊，放入番茄糊、月桂葉、百里香炒勻，放入雞骨加水淹過熬煮約 6 小時、過濾後即完成。

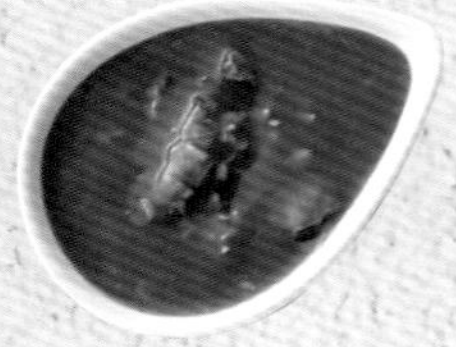

鹹
香

培根雞肉沾拌醬

使用法：沾、拌、淋

材　料　培根丁、雞肉丁各 1/4 杯；雞骨肉汁〈見 P173〉2 杯、巴西里碎 1 大匙；鹽、胡椒各 1/4 大匙（1 杯＝ 240cc）

作　法　熱鍋下油，將培根及雞肉煎至金黃，加入雞骨肉汁，小火濃縮至剩 1/2 的量，關火加入巴西里，並用鹽、胡椒調味即可。

鹹 香

蒜蓉沾拌醬

使用法：沾、拌、淋

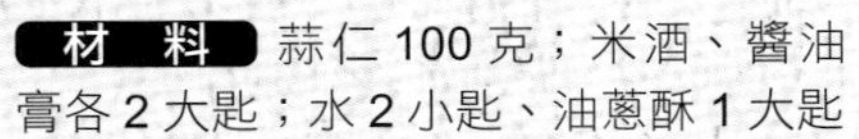

材　料 蒜仁100克；米酒、醬油膏各2大匙；水2小匙、油蔥酥1大匙

調味料 香油、蒜油各1/2小匙；糖1小匙

作　法 蒜仁去蒂頭，加米酒、水打成蒜蓉；油蔥酥切成細末。蒜蓉加入醬油膏、糖、香油、蒜油拌匀，拌入油蔥酥即可。

酸 辣

香茅椒麻汁

使用法：沾、拌、淋

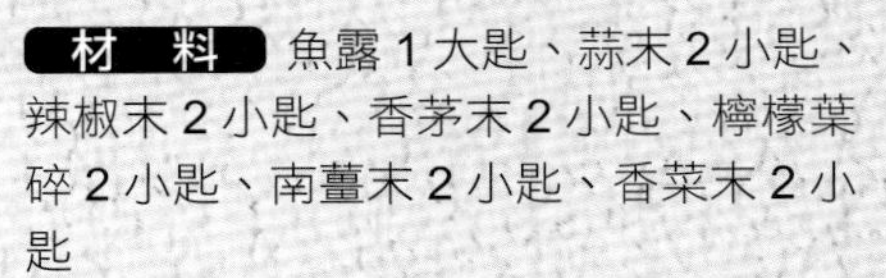

材　料 魚露1大匙、蒜末2小匙、辣椒末2小匙、香茅末2小匙、檸檬葉碎2小匙、南薑末2小匙、香菜末2小匙

調味料 檸檬汁2大匙、白醋1小匙、糖1大匙

作　法 所有材料與調味料拌勻即可使用。

鹹 香

咖哩優格醬

使用法：沾、拌、淋

材　料 咖哩粉、無糖優格各2大匙；洋蔥末、沙拉油各1大匙

調味料 鹽1/4小匙、糖1/2小匙

作　法 熱鍋中燒油炒香洋蔥，加咖哩粉、調味料，以中小火炒勻，取出、放涼後加入優格拌勻即可使用。

香 辣

山葵沾醬

使用法：沾、拌、淋

材　料 山葵粉30克、溫開水45cc

作　法 所有材料調勻，靜置10分鐘即可使用。

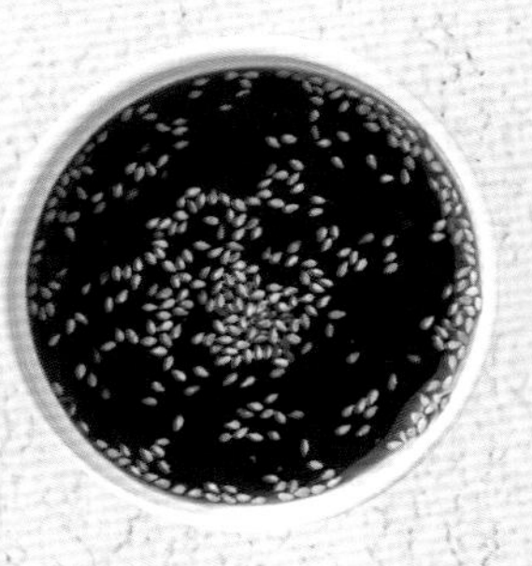

鹹 甜

日式和風醬

使用法：沾、拌、淋

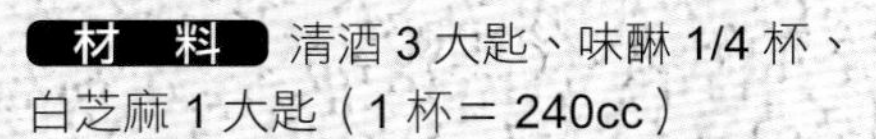

材　料 清酒3大匙、味醂1/4杯、白芝麻1大匙（1杯＝240cc）

調味料 檸檬汁2大匙、日式醬油1/4杯、糖2小匙

作　法 清酒煮滾，加入其餘材料和調味料拌勻即可使用。

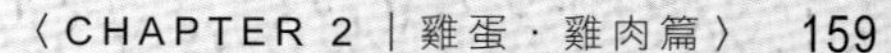

烤雞翅

材料 A 雞翅 4 隻、雞骨肉汁〈見 P 173 〉2 大匙

材料 B 冷水 1000cc、大蒜 15 克、月桂葉 2 片、百里香 3 克、黑胡椒 4 克、鹽 30 克、糖 10 克

作　法

1. 將材料 A 中的雞翅洗淨。
2. 將材料 B 中的大蒜拍扁，把所有材料與雞翅一起放入容器內拌勻。浸泡時間大約 2 小時，即可取出，擦乾水分，均勻刷上雞骨肉汁，或者想要搭配的醬料一起烘烤。
3. 烤箱預熱，放入雞翅，以 150℃烤 45 分鐘，直到全熟即可取出。

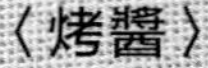

鮮 鹹

花雕烤醬　使用法：烤

材　料 老薑片 15 克、黑麻油 1 大匙

調味料 水 1/2 杯；花雕酒、蠔油各 1 大匙；醬油、糖各 1 小匙；白胡椒粉 1.5 小匙

作　法 用黑麻油爆香薑片後，將調味料放入鍋中煮滾即可刷在雞翅上一起烘烤。

香 鹹

椰香醬　使用法：烤

材　料 洋蔥片、蒜片、薑片各 10 克；蔥段 1 支、油 1 大匙

調味料 水 1/2 杯；米酒、糖各 1 小匙；椰漿 3 大匙；鹽、白胡椒粉各 1.5 小匙

作　法 將材料一起放入鍋中炒香，再加入調味料煮滾即可。

香 辣

香料炭烤醬

使用法：烤

材 料 巴西里碎、百里香、義式綜合香料、洋蔥粉、蒜粉、墨西哥辣椒粉各 1 大匙；油 1/2 杯；番茄醬、伍斯特醬各 1/4 杯；鹽 1/4 大匙（1 杯＝240cc）

作 法 所有材料放入食物調理機打均勻即可。

香 辣

烤雞醃醬

使用法：醃

材 料 辣椒醬 1/4 杯；蒜頭、醬油 2 大匙；糖 1 大匙、黑胡椒 1/4 大匙、香吉士汁 3/4 杯；孜然粉、鹽各 1/2 大匙（1 杯＝240cc）

作 法 所有材料混合均勻即完成。

鹹 辣

燒烤辣椒醃醬

使用法：醃

材 料 醬油、蠔油、甜辣醬、檸檬汁、蜂蜜各 1/4 杯；辣椒粉 2 大匙；義式綜合香料、蒜末、米酒各 1 大匙

作 法 所有材料攪拌均勻即可。

鹹 酸

照燒烤醬

使用法：烤

材 料 醬油、清酒、味醂各 1/2 杯；糖 1/4 杯、檸檬汁 1 大匙（1 杯＝240cc）

作 法 所有材料放入鍋中小火煮 15 分鐘即可使用。

烤雞腿

材料 A 雞腿 2 隻、雞骨肉汁〈見 P173〉2 大匙

材料 B 冷水 1000cc、大蒜 15 克、月桂葉 2 片、百里香 3 克、黑胡椒 4 克、鹽 30 克、糖 10 克

作　法

1. 將材料 A 中的雞腿洗淨。
2. 將材料 B 中的大蒜拍扁，把所有材料與雞腿一起放入容器內拌勻。浸泡時間大約 2 小時，即可取出，擦乾水分，均勻刷上雞骨肉汁，或者想要搭配的醬料一起烘烤。
3. 烤箱預熱，放入雞腿，以 150℃烤 45 分鐘，直到全熟即可取出。

〈烤醬〉

鹹 香

味噌烤醬

使用法：烤

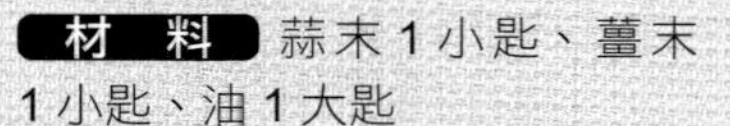

材　料 蒜末 1 小匙、薑末 1 小匙、油 1 大匙

調味料 水 2/3 杯、米酒 1 小匙、味噌 1 大匙、味醂 1 大匙、醬油 1 小匙、糖 2 小匙

作　法 下油將蒜、薑末爆香後，再將調味料加入煮滾。

鹹 鮮

叉燒鮮鹹醬

使用法：烤

材　料 蒜末、薑末各 1 小匙；油 1 大匙

調味料 醬油、糖各 2 小匙；蠔油 1 大匙、柱侯醬 1.5 小匙、白胡椒粉 1/4 小匙、香油 1 小匙、水 1 杯

作　法 鍋中放入油，爆香蒜、薑，再將調味料加入一起煮滾即完成。

鹹 香

魚香燒烤醬

使用法：烤

材　料 薑末、蒜末、辣椒末、蔥花各 1 小匙；油 1 大匙

調味料 水 1/2 杯，辣椒醬 2 小匙；醬油、糖、白醋、米酒、辣油各 1 小匙

作　法 鍋中倒入油，將材料爆香，再加入調味料一同煮滾即可。

鹹 香

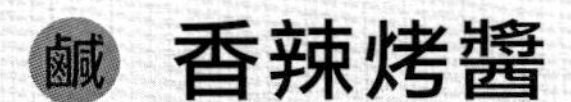

香辣烤醬

使用法：烤

材 料 蒜頭碎 1 小匙、紅辣椒片 2 支、油 1 大匙

調味料 醬油、番茄醬、糖、白醋、米酒、香油各 1 大匙；白胡椒粉 1/4 小匙、水 1 大匙

作 法 鍋中倒入油燒熱，將蒜、辣椒爆香後，再將調味料加入煮滾即完成。

鹹 辣 香

薑燒烤醬

使用法：烤

材 料 薑末 1 大匙

調味料 烤肉醬 2 大匙；素蠔油、米酒各 1 大匙；薑母粉、白胡椒粉各 1/4 小匙；糖 2 小匙

作 法 所有材料與調味料攪拌均勻即可。

鹹 辣 酸

七味辣烤醬

使用法：烤

材 料 辣椒末 1 大匙、海苔粉 1 小匙

調味料 七味粉 1 大匙、椒鹽粉 1 小匙、海鮮醬 2 大匙、味醂 1 大匙、清酒 1 大匙

作 法 所有材料與調味料攪拌均勻即可。

鹹 香

米豆烤醬

使用法：烤

材 料 紅蔥頭碎 1 小匙、蒜碎 1 小匙、薑碎 1 小匙、油 1 大匙

調味料 水 2/3 杯、米豆醬 2 小匙、醬油 1 小匙、糖 2 小匙、香油 1 小匙（1 杯＝ 240cc）

作 法 鍋中倒入油燒熱，將材料爆香後，再將調味料加入煮滾即完成。

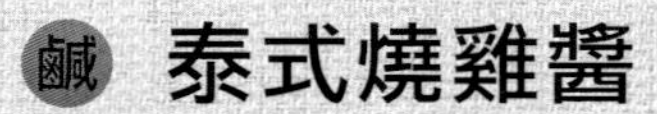

鹹 辣 酸 泰式燒雞醬

使用法：沾、淋

材　料 辣椒末 1 大匙、蒜末 2 小匙

調味料 果糖 1 大匙、白醋 2 大匙、水麥芽 2 大匙

作　法 麥芽先放入微波爐加熱 30 秒或蒸 3 分鐘軟化，再將所有材料與調味料攪拌均勻即可。

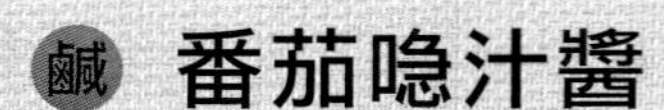

鹹 酸 番茄唸汁醬

使用法：炒

調味料 伍斯特醬 2 大匙、番茄醬 2 大匙、辣醬油 1 小匙

作　法 所有材料與調味料攪拌均勻即可與炸雞塊拌炒。

鹹 香 辣椒洋蔥拌醬

使用法：沾、淋

材　料 辣椒碎 2 小匙、蒜末 1 小匙、薑末 1 小匙、洋蔥碎 1 小匙、油 1 大匙

調味料 糖 2 小匙、鹽 1/4 小匙、水 1/2 杯

作　法 用油將材料爆香，加入調味料煮滾即可。

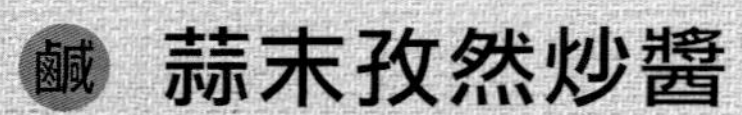

鹹 辣 酸 蒜末孜然炒醬

使用法：炒

材　料 蒜末 1 大匙

調味料 海鮮醬 2 大匙、孜然粉 1 小匙、黑胡椒粉 1/2 小匙、迷迭香 1/4 小匙、辣椒醬 1 大匙、洋香菜葉 1/4 小匙

作　法 所有材料與調味料攪拌均勻即可與炸雞塊拌炒。

鹹 辣 酸 七味椒鹽醬

使用法：烤

材　料 辣椒末 1 大匙、海苔粉 1 小匙

調味料 七味粉 1 大匙、椒鹽粉 1 小匙、海鮮醬 2 大匙、味醂 1 大匙、清酒 1 大匙

作　法 所有材料與調味料攪拌均勻即可。

酥炸脆雞塊

材料

去骨雞腿肉 150 克、普羅旺斯香料 1/4 大匙、太白粉 4 大匙、酥炸粉 5 大匙、薑黃粉 1/4 大匙、水 1/2 杯、沙拉油 1/4 大匙

作法

1. 將去骨雞腿肉切成約 5 公分的正方形，加入普羅旺斯香料抓勻醃約 30 分鐘。
2. 將脆雞粉漿，包括太白粉、酥炸粉、薑黃粉、水、沙拉油一起拌勻，將雞塊放入均勻沾裹。
3. 放入 180℃的油鍋中炸熟即可。取出後沾醬食用，或與炒醬一起拌炒。

蒜酥美乃滋醬

辣 甜 酸

使用法：沾、淋

材　料 蒜末 1 大匙、蒜酥末 1/4 小匙

調味料 美乃滋 3 大匙、薑黃粉 1/4 小匙、檸檬汁 1 小匙、果糖 1 小匙

作　法 所有材料與調味料攪拌均勻即可。

和風沾拌醬

鹹 酸

使用法：沾、淋

材　料 芥末 1/2 小匙、檸檬汁 2 小匙、白芝麻 1 小匙

調味料 醬油膏 3 大匙、白醋 1 大匙、糖 1/2 小匙、味醂 1 大匙、香油 1 大匙

作　法 所有材料與調味料攪拌均勻即可。

椒鹽祕製沾醬

鹹 辣

使用法：沾、淋

調味料 椒鹽粉 1 大匙、美乃滋 3 大匙、梅林醬 1 小匙、花椒油 1 小匙、花雕酒 1/2 小匙

作　法 所有調味料攪拌均勻即可。

日式醬油醬

鹹 甜

使用法：沾、淋

材　料 柴魚片 10 克、洋蔥末 1 大匙

調味料 醬油 3 大匙、果糖 1 小匙

作　法 所有材料與調味料攪拌均勻即可。

天婦羅汁醬

鹹 甜

使用法：沾、淋

材　料 白蘿蔔泥 1 大匙、薑末 1 小匙、柴魚 3 克

調味料 醬油 3 大匙、味醂 2 大匙、素蠔油 1 大匙、果糖 1 小匙

作　法 所有材料與調味料攪拌均勻即可。

酥炸脆雞翅

材　料　雞翅 150 克、普羅旺斯香料 1/4 大匙、太白粉 4 大匙、黏師傅酥炸粉 5 大匙、薑黃粉 1/4 大匙、水 1/2 杯、沙拉油 1/4 大匙

作　法

1. 將雞翅清洗乾淨、擦乾水分，加入普羅旺斯香料抓勻醃約 30 分鐘。
2. 將脆雞粉漿，包括太白粉、酥炸粉、薑黃粉、水、沙拉油一起拌勻，將雞塊放入均勻沾裹。
3. 放入 180℃的油鍋中炸熟即可，取出後沾醬食用。

〈沾醬、淋醬〉

酸甜　鳳梨金桔醬

使用法：沾、淋

材　料　鳳梨 3/4 杯、金桔 3/4 杯、糖 1/2 杯、玉米粉 1 大匙（1 杯＝ 240cc）

作　法　鳳梨金桔榨成汁。將所有材料攪拌均勻並且過濾，再以小火煮至適當濃度即可。

酸甜　蜂蜜芥末沾拌醬

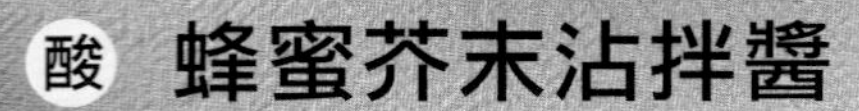

使用法：沾、淋

材　料　黃芥末 3 大匙、美奶滋 1 杯、玉米糖漿 3 大匙、蘋果醋 2 大匙、紅椒粉 2 大匙、蜂蜜 3 大匙（1 杯＝ 240cc）

作　法　將所有材料攪拌均勻即可。

酸 鹹

甜椒鳳梨優格醬

使用法：沾、淋

材 料 甜椒碎、鳳梨碎各1/4杯；優格1杯、鹽1/4小匙（1杯＝240cc）

作 法 將所有材料用調理機攪拌均勻即可使用。

酸 鹹

玉米番茄莎莎醬

使用法：沾、淋

材 料 玉米、去皮牛番茄丁各1/2杯；檸檬汁4大匙、洋蔥碎1/4杯、鹽巴1/4小匙、糖1小匙（1杯＝240cc）

作 法 將玉米、牛番茄、檸檬、洋蔥、鹽巴、糖一起攪拌均勻後即可使用。

酸 甜

塔塔沾淋醬

使用法：沾、淋

材 料 水煮蛋1顆；麵包粉、酸豆、檸檬汁各2大匙；洋蔥、酸黃瓜各4大匙；美玉白汁1/2杯（1杯＝240cc）

作 法 洋蔥、酸豆、酸黃瓜、水煮蛋切碎後，將所有材料混合攪拌均勻即為塔塔醬。

辣

黑胡椒荳蔻粉

使用法：沾、淋

材 料 黑胡椒粒、肉荳蔻粉、肉桂粉各1小匙；丁香1/2小匙

作 法 所有材料打碎混合均勻即可使用。

 酸

番茄洋蔥莎莎醬 使用法：沾、淋

材　料 洋蔥丁、番茄丁各 10 克；蒜末 1 小匙、香菜 5 克

調味料 橄欖油 1 大匙；白醋、檸檬汁、糖各 1 小匙；鹽 1/4 小匙

作　法 將材料跟調味料攪拌均勻即可。做好的醬料建議冰過一天再食用，風味會更佳。

甜 辣

蜜汁蒜末醬

使用法：沾、淋

材　料 蒜末 1 小匙、薑末 1 小匙、蔥段 1 支、油 1 大匙

調味料 水 1 杯、醬油 1 大匙、糖 2 大匙、麥芽糖 15 克

作　法 用油將材料爆香後，再加入調味料小火煮滾 5 分鐘後，過濾即可。

鹹 香

蒜蓉沾拌醬

使用法：沾、淋

材　料 蒜末 1 小匙、蒜頭酥 1 小匙

調味料 飲用水 1/2 杯、醬油膏 1 大匙、烏醋 1 小匙、蒜頭油 1 小匙、糖 2 小匙（1 杯＝240cc）

作　法 將材料跟調味料一起攪拌均勻即可。

甜 辣

關東煮醬 使用法：沾、淋

材　料 甜辣醬 1 大匙、番茄醬 1 大匙、海山醬 1 小匙、糖 1 小匙、鹽 1/4 小匙、水 3 大匙

作　法 將所有材料放入鍋中煮滾熄火，待涼後即可使用。

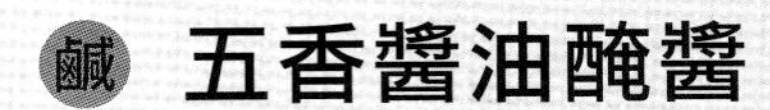

鹹 五香醬油醃醬

使用法：醃

材　料 水 2 大匙、醬油 2 小匙、糖 1 小匙、米酒 1 小匙、白胡椒粉 1/4 小匙、五香粉 1/4 小匙、香油 1 小匙、太白粉 1 大匙

作　法 將調味料攪拌均勻加入雞肉醃製。醃製好的肉品，要放冰箱冷藏一天，方可使用。

鹹 香 紅腐乳醃醬

使用法：醃

材　料 紅腐乳 3 塊

調味料 米酒、水各 1 大匙；糖、麵粉各 2 小匙；鹽、白胡椒各 1/4 小匙；太白粉 1 小匙

作　法 將材料跟調味料全部攪拌均勻即可用來進行醃製，最好放冰箱冷藏一天，再進行料理。

鹹 香 咖哩醃醬

使用法：醃

材　料 水 2 大匙；咖哩粉、糖、醬油、香油各 1 小匙；米酒 2 小匙、太白粉 1 大匙

作　法 將材料攪拌均勻後，加入雞肉醃製一天再進行料理。

鹹 酸 優格醃醬

使用法：醃

材　料 原味優格 5 大匙、白醋 1 大匙、鹽 1/4 小匙、糖 1 小匙、黑胡椒碎 1/4 匙、油 2 小匙

作　法 將全部的材料攪拌均勻即可加入雞肉醃製一天再進行料理。如果想吃辣味，可以添加辣椒粉。

〈醃料〉

鹹香 五香醃醬

使用法：醃

材 料 蒜末 1 小匙

調味料 水 2 大匙、米酒 1 大匙、醬油 2 小匙、五香粉 1/2 小匙；糖、太白粉、香油各 1 小匙

作 法 將材料跟調味料攪拌均勻即可。

注意事項 醃製好的肉品，要放冰箱冷藏一天，方可使用。

鹹香 孜然香蒜醬

使用法：醃

材 料 孜然粉 1 大匙、薑母粉 1/4 小匙、香蒜粉 1/4 小匙、玉米粉 2 大匙

調味料 素蠔油 1 大匙、鹽 1 小匙、糖 2 小匙、椒鹽粉 1 小匙、米酒 2 大匙

作 法 所有材料與調味料攪拌均勻，即可加入雞肉醃製一天再進行料理。

鹹香 蒜香醃醬

使用法：醃

材 料 帶皮蒜頭 30 克

調味料 紹興酒 1 大匙、水 2 杯、鹽 2 小匙；蒜香粉、蒜香粒各 1 小匙

作 法 將帶皮蒜頭拍碎後，將調味料全部加入，即可加入雞肉醃製一天再進行料理。

鹹
香

黑胡椒醃醬

材 料 蒜頭末 1/2 小匙、洋蔥末 1/2 小匙、黑胡椒 1.5 小匙、醬油 2 小匙、白醋 1 小匙、糖 1/4 小匙、冷開水 50cc

作 法 將所有材料全部調勻即完成。

鮮
甜

韓式醃醬

使用法：醃

材 料 去皮牛番茄 250 克、洋蔥碎 2 大匙、紅蘿蔔碎 1 大匙、鹽 1/4 小匙、優格 1 杯

作 法 將去皮牛番茄、洋蔥碎、紅蘿蔔碎全部打勻，加入鹽及優格一起攪拌均勻即可使用。

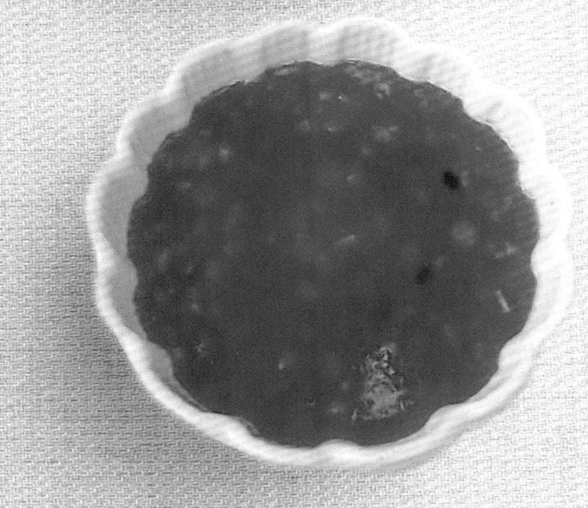

鹹
甜

油膏薑汁醃醬

使用法：醃

材 料 薑末 1 大匙、涼開水 6 大匙、醬油膏 2 大匙、細砂糖 2 小匙

作 法 全部材料拌勻即可使用。

鹹 甜

蜜汁醃醬

使用法：醃

材 料 薑末、水各2大匙；醬油、糖、蜂蜜各2小匙；味醂、米酒各1小匙；麥芽糖15克

作 法 將全部材料一起煮滾，過濾即可放涼備用。此醃料要先煮過、過濾後放涼，再放入肉裡面進行醃製。

鹹 香

味噌醃醬

使用法：醃

材 料 水3大匙、黃味噌1大匙、醬油1小匙、味醂1小匙、糖2小匙、油1小匙

作 法 將全部的材料攪拌均勻即可。這裡的味噌適用黃味噌。

鹹 香

十三香醃醬

使用法：醃

材 料 水2大匙、十三香1小匙、醬油1小匙、糖1小匙、白胡椒粉1/4小匙、太白粉1大匙、蒜油1小匙、鹽1/4小匙

作 法 將材料混合均勻後，即可加入雞肉醃製一天再進行料理。

鹹 香

孜然醃醬

使用法：醃

材 料 水2大匙；醬油、太白粉各2小匙；糖、孜然粉、米酒、香油各1小匙；白胡椒粉1/4小匙

作 法 將全部的材料攪拌均勻，即可加入雞肉醃製一天再進行料理。

雞骨肉汁製作方式

材　料　雞骨 1.5 公斤、洋蔥塊 150 克、西芹塊及紅蘿蔔塊各 75 克、雞骨高湯 4000cc、番茄糊 75 克、月桂葉 1 片、百里香及胡椒粒各 2 克、紅酒 600cc

作　法

1. 烤箱預熱，以 200℃將雞骨烤至金黃，洋蔥、西芹、紅蘿蔔炒至微焦，加入番茄糊小火慢炒，再加入雞骨炒勻。
2. 倒入雞骨高湯及百里香、胡椒粒、月桂葉以小火熬煮 3 小時，並隨時撈起表面浮油及浮渣，另把紅酒煮到濃縮至 1/2 後加入，煮完過濾、隔冰冷卻。

雞骨高湯

材　料　雞骨 1.5 公斤、冷水 4000cc、洋蔥 150 克、西芹 75 克、紅蘿蔔 75 克、月桂葉 1 片、百里香 2 克、胡椒粒 2 克

作　法

1. 先將雞骨頭切成 8-10 公分，以冷水清洗乾淨後備用。
2. 將洗好的骨頭放入滾水中煮約 5 分鐘，將骨頭撈起並以冷水清洗乾淨。
3. 再把骨頭放入鍋中，注入冷水、加入剩餘其他食材，先大火煮滾，轉小火慢煮約 2 小時，期間要不定期的使用細目撈網去除表面浮渣。熄火後使用細目篩網，過濾高湯，等冷卻後放入冰箱保存即可。

CHAPTER 2

換·個·醬·料

就能讓餐桌每道料理有滋有味！

—— 做出風味無限的吮指滋味 ——

蔬菜篇

醃小黃瓜

材　料　小黃瓜 300 克

調味料　鹽 1 小匙

作　法　小黃瓜用鹽將外皮搓洗，再用清水洗淨。切除頭尾後，切段後用刀面拍裂開。加入拌醬充分攪拌均勻，待 1 小時入味後即可食用。

〈拌、淋、沾醬〉

鹹辣　麻辣拌醬　使用法：拌、淋、沾

材　料　蒜末 1 大匙、辣椒末 1 小匙、花椒粉 1/4 小匙

調味料　郫縣豆瓣、素蠔油、果糖各 1 大匙；烏醋 1 小匙、花椒油 1/2 小匙

作　法　所有材料與調味料攪拌均勻即可。

鹹甜酸辣　酸辣沾拌醬　使用法：拌、淋、沾

材　料　辣椒末 1 大匙

調味料　魚露 1 小匙；糖、白醋各 1 大匙；辣油 2 小匙

作　法　所有材料與調味料攪拌均勻即可使用。

鹹辣　蒜味淋拌醬　使用法：拌、淋、沾

材　料　蒜末 1 大匙、辣椒片 15 克

調味料　蝦油 1 大匙、糖 1 小匙、鎮江醋 1 小匙、香油 1 大匙

作　法　所有材料與調味料攪拌均勻即可。

甜酸　糖醋沾拌醬　使用法：拌、淋、沾

材　料　鹽 1/2 小匙、糖 2 大匙、白醋 1/2 杯（1 杯＝240cc）

作　法　所有材料調勻直至糖融化即可淋在小黃瓜上。

涼拌青木瓜

材　料　青木瓜 300 克

作　法

1. 青木瓜洗淨削皮後切絲。生飲水加入衛生冰塊，放入木瓜絲浸泡 15 分鐘。
2. 待木瓜絲變成透明後，撈起瀝乾水分，加入拌醬充分攪拌均勻，靜置 1 小時入味後即可食用。可依喜好加入紅蘿蔔絲、小番茄、香菜、海鮮或肉絲，增加豐富度。

〈拌、淋、沾醬〉

酸 辣 泰式辣醬

使用法：拌、淋、沾

材　料　蒜碎 2 大匙、辣椒碎 2 小匙

調味料　檸檬汁 3 大匙；魚露、糖各 2 大匙；鹽 1 小匙

作　法　將所有材料調勻直至糖融化，即可淋在青木瓜絲上，亦可搭配其他配菜一起享用。

酸 辣 泰式醬

使用法：拌、淋

材　料　蒜末 1 大匙、辣椒末 1 大匙、檸檬汁 2 大匙、香菜碎 1 小匙

調味料　泰國魚露 2 小匙、椰糖 1 大匙、羅望子汁 1 小匙、鹽 1/4 小匙

作　法　所有材料與調味料攪拌均勻即可。

酸 甜 百香果醬

使用法：淋、醃

材　料　百香果濃縮汁 1 大匙、檸檬汁 1 小匙、味醂 1 大匙

調味料　糖 2 小匙

作　法　所有材料與調味料攪拌均勻即可使用。

涼拌番茄

材　料　牛番茄 1 個

作　法

1. 番茄去掉蒂頭、將外皮清洗乾淨。
2. 切成角塊狀，淋上醬汁，即可食用。

〈淋、拌、沾醬〉

甜 酸 鹹

甘草醬　使用法：拌、淋、沾

材　料　甘草粉 1 小匙、梅子粉 1/2 小匙

調味料　醬油膏、素蠔油、紅糖、薑末各 1 大匙；糖粉 2 大匙

作　法　所有材料與調味料攪拌均勻即可使用。

鹹 辣 甜

薑汁　使用法：拌、淋、沾

材　料　薑末 2 小匙、甘草粉 1/4 小匙

調味料　醬油膏、水各 2 大匙；糖 1 大匙

作　法　將調味料煮滾後，再加入材料拌勻後放涼即可。

鹹
甜
酸

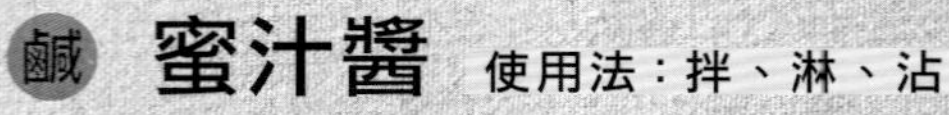

蜜汁醬 使用法：拌、淋、沾

材　料 蜂蜜1大匙、白話梅3個

調味料 味醂2大匙；果糖、梅子粉各1小匙

作　法 話梅去籽切末；所有材料與調味料攪拌均勻即可。

酸
甜

梅汁醬 使用法：拌、淋、沾

材　料 紫蘇梅2個、檸檬皮碎1小匙

調味料 紫蘇梅汁、味醂各1大匙；果糖1小匙

作　法 紫蘇梅去籽切末，所有材料與調味料攪拌均勻即可。

鹹
香

千島沾拌醬 使用法：拌、淋、沾

材　料 花生粉1小匙、洋蔥末1小匙

調味料 番茄醬1大匙、美乃滋3大匙

作　法 所有材料與調味料攪拌均勻即可。

甜
酸
鹹

和風蔬菜醬 使用法：拌、淋、沾

材　料 芥末1小匙、檸檬汁2小匙

調味料 烤肉醬2大匙；芝麻醬、水果醋、味醂、香油各1小匙

作　法 所有材料與調味料攪拌均勻即可。

綜合生菜

材　料 蘿蔓、美生菜各1杯、培根碎1/2小匙、麵包丁1/2小匙、小番茄5顆、帕馬森起司1/2小匙、奶油1/2小匙（1杯＝240cc）

作　法

1. 將蘿蔓和美生菜洗淨、切成適口大小，以生飲水加入少許冰塊冰鎮備用。
2. 小番茄洗淨、去除蒂頭，對半切開。
3. 以奶油炒香麵包丁，放入烤箱以180℃烤至金黃酥脆。
4. 先排入培根、麵包丁、小番茄、帕馬森起司，再放入剩下材料裝盤即可搭配醬料一起食用。

〈拌、淋、沾醬〉

鹹
香

羊乳酪醬汁

使用法：拌、淋、沾

材　料 美乃滋3/4杯、羊乳酪1/4杯、巴西里碎1/4小匙、鹽1/4小匙（1杯＝240cc）

作　法 把所有材料放入食物調理機打勻即完成。

鹹
甜

希臘優格醬汁

使用法：拌、淋、沾

材　料 美乃滋3/4杯、希臘式優格1/4杯、蜂蜜1小匙、鹽1/4小匙（1杯＝240cc）

作　法 全部材料放入食物調理機打勻，即可搭配生菜食用。

藍莓優格醬汁

使用法：拌、淋、沾

材 料 藍莓果泥 1/4 杯、優格 1 杯、鹽 1/4 小匙（1 杯＝240cc）

作 法 將所有材料拌勻即可使用。

酸奶醬汁

使用法：拌、淋、沾

材 料 美乃滋 3/4 杯、酸奶油 1/4 杯、巴西里碎 1 小匙、鹽 1/4 小匙（1 杯＝240cc）

作 法 把全部材料放入食物調理機中打勻即可使用。

凱薩沙拉醬

使用法：拌、淋、沾

材料 A 沙拉油、橄欖油各 1/2 杯；蛋黃 4 小匙、芥末籽醬 1/2 小匙（1 杯＝240cc）

材料 B 蒜碎、鯷魚碎各 1 小匙；酸豆碎、芥末籽醬各 1/2 小匙；Tabasco、黑胡椒碎、梅林醬油、檸檬汁、帕馬森起司粉各 1/4 小匙

作 法 沙拉油、橄欖油充分混合，蛋黃和芥末籽醬加入鋼盆打至微微起泡，邊打邊將油緩慢倒入打勻，再將材料 B 混合後加入，用食物調理機或打蛋器充分混合。

番茄美乃滋醬

使用法：拌、淋、沾

材 料 美乃滋 1 杯、番茄醬 1/2 杯；蒜碎、巴西里碎各 1 小匙；酸黃瓜碎 4 小匙、洋蔥碎 3 大匙（1 杯＝240cc）

作 法 酸黃瓜、洋蔥充分擠乾，全部材料放入食物調理機打勻即完成。

細香蔥優格醬汁

使用法：拌、淋、沾

材 料 優格 1 杯、細香蔥 2 小匙、鹽 1/2 小匙、胡椒 1/2 小匙（1 杯＝240cc）

作 法 細香蔥切碎，將所有材料拌勻即可。

香橙優格醬汁

材 料 柑橘果泥 1/4 杯、優格 1 杯、鹽 1/4 小匙

作 法 將所有材料拌勻。

蘿蔓萵苣

材　料　蘿蔓、美生菜各 1 杯

作　法

1. 將蘿蔓與美生菜洗淨、切成適口大小，以生飲水加入少許冰塊冰鎮備用。
2. 材料裝盤即可搭配醬料一起食用。

鹹香

雞蛋沙拉 使用法：拌、淋、沾

材　料 雞蛋 1 顆、美乃滋 1 杯；鹽、胡椒各 1/2 小匙（1 杯＝ 240cc）

作　法 雞蛋煮至全熟去殼切碎；將所有材料拌勻即可。

蘋果沙拉 使用法：拌、淋、沾

材　料 雞蛋 1 顆、美乃滋 1 杯；鹽、胡椒各 1/2 小匙；新鮮蘋果 1/4 杯（1 杯＝ 240cc）

作　法 雞蛋煮至全熟去殼切碎、蘋果切小丁，將所有材料拌勻即可。

鹹香

鹹香

酪梨沙拉

使用法：拌、淋、沾

材 料 雞蛋 1 顆、美乃滋 1 杯；鹽、胡椒各 1/2 小匙；酪梨醬 1/4 杯（1 杯＝ 240cc）

作 法
雞蛋煮至全熟去殼切碎，把所有材料拌勻即可使用。

鹹鮮

馬鈴薯沙拉

使用法：拌、淋、沾

材 料 雞蛋 1 顆、美乃滋 1 杯；鹽、胡椒各 1/2 小匙；馬鈴薯 1/4 杯（1 杯＝ 240cc）

作 法 雞蛋煮至全熟去殼切碎、馬鈴薯燙熟壓成泥，將所有材料拌勻即可。

鹹香

南瓜沙拉

使用法：拌、淋、沾

材 料 草莓優酪乳 1 杯；鹽、胡椒各 1/2 小匙；帶皮栗子南瓜 1/4 杯（1 杯＝ 240cc）

作 法 帶皮栗子南瓜、去籽煮熟，與所有材料一起攪打均勻即完成。

鹹

鮪魚沙拉

使用法：拌、淋、沾

材 料 雞蛋 1 顆；美乃滋、鮪魚罐頭各 1/2 杯；鹽、胡椒各 1/2 小匙（1 杯＝ 240cc）

作 法 雞蛋煮至全熟去殼切碎，將所有材料拌勻即可使用。

鹹鮮

葡萄柚優格醬汁

使用法：拌、淋、沾

材 料 葡萄柚果泥 1/4 杯、優格 1 杯、鹽及葡萄柚果粒各 1/4 小匙（1 杯＝ 240cc）

作 法 將所有材料拌勻即可。

汆燙地瓜葉

材　料　地瓜葉 300 克

調味料　鹽 1 大匙

作　法　鍋內放入 2000 cc 的水，用大火將水燒開後放入鹽與地瓜葉，充分拌開，等待再次沸騰撈出瀝乾，即可淋上醬汁充分拌勻。

〈拌、淋醬〉

鴨油醬

使用法：拌、淋

材　料　鴨油、洋蔥末各 3 大匙

調味料　胡椒鹽 2 小匙

作　法　洋蔥末洗乾淨瀝乾；鴨油加熱至 150℃，放入洋蔥末小火炸至金黃。取出，靜置 30 分鐘加調味料拌勻即可使用。

雞汁醬

使用法：拌、淋

材　料　雞油 3 大匙、蔥花 1 大匙、蒜末 3 大匙

調味料　素蠔油、蒜油各 1 大匙

作　法　蔥花、蒜末沖洗乾淨瀝乾。雞油加熱至 150℃，放入蔥花、蒜末以小火炸至金黃。取出，靜置 30 分鐘加調味料拌勻即可使用。

油蔥醬

使用法：淋、拌

材　料 豬油 3 大匙、紅蔥頭碎 6 大匙

調味料 鹽 1 小匙、蔥油 1 大匙

作　法 紅蔥頭碎沖洗乾淨瀝乾。將豬油加熱至 150℃，放入紅蔥頭小火炸至金黃。靜置 30 分鐘後，加調味料攪拌均勻即可使用。

油蒜醬

使用法：沾、淋

材　料 蒜碎 30 克、水 1 大匙、豬油 2 大匙

調味料 醬油膏 1/4 杯、細砂糖 2 小匙（1 杯＝240cc）

作　法 熱鍋倒油，加蒜碎炒香後加入調味料、水拌炒，糖炒化即可拌在地瓜葉中享用

蒜末蝦醬

使用法：拌

材　料 蒜末 1 小匙、蝦米末 1 小匙

調味料 蝦醬、米酒各 1 大匙；魚露 2 小匙、白醋 1 小匙

作　法 所有材料與調味料攪拌均勻即可與地瓜葉一起拌炒。

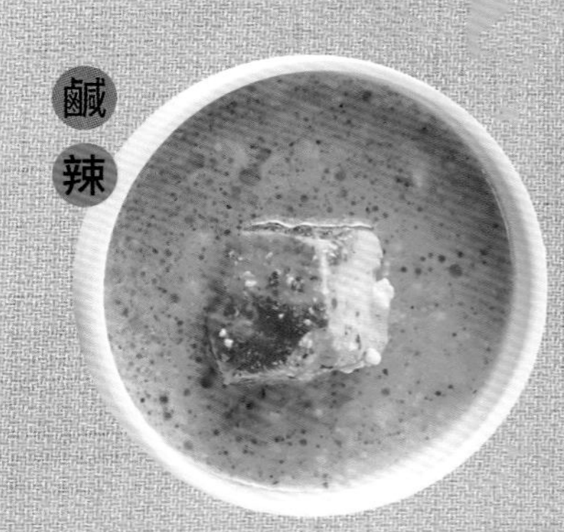

腐乳醬

使用法：拌

材　料 辣腐乳 2 塊

調味料 味醂、味噌、米酒各 1 小匙；糖 1/2 小匙

作　法 所有材料與調味料攪拌均勻即可與地瓜葉一起拌炒。

燙蘆筍

材　料　蘆筍 3 根

作　法

1. 蘆筍去皮、切成約 5 公分長段。
2. 滾水加鹽放入蘆筍，燙熟並且撈出冰鎮。
3. 食用時搭配醬汁即可。

〈沾醬、淋醬〉

酸

甜

鳳梨金桔醬　使用法：沾、淋

材　料　鳳梨 3/4 杯、金桔 3/4 杯、糖 1/2 杯、玉米粉 1 小匙（1 杯＝ 240cc）

作　法　鳳梨、金桔榨成汁。將所有材料攪拌均勻，放入鍋中，以小火煮至自己想要的濃度即可關火後待涼使用。

鹹

香

胡蘿蔔醬汁

使用法：沾、淋

材　料　紅蘿蔔絲 1 杯；洋蔥絲、鮮奶油各 1/4 杯；百里香 1 小匙、雞骨高湯 2 杯 (P173)、鹽 1/4 小匙（1 杯＝ 240cc）

作　法　熱鍋中放入 1 大匙量的油燒熱，加入洋蔥炒香，加入紅蘿蔔將其炒軟，加入百里香及雞高湯煮至高湯濃縮至 1/2，放入果汁機打勻、過濾，放回鍋子煮滾，關火後加入鮮奶油乳化，用鹽調味即完成。

康伯蘭醬汁

使用法：沾、淋

材 料 香吉士汁 1 杯、檸檬汁 1/2 杯；紅醋栗果醬、波特酒各 1/4 杯；玉米粉水 1 小匙、薑粉水 1/4 小匙（1 杯＝240cc）

作 法 香吉士皮及檸檬皮切絲、汆燙；香吉士及檸檬榨成汁。將香吉士、檸檬的汁與皮、紅醋栗果醬，波特酒放入鍋中，小火煮 5 分鐘，加入玉米粉水及薑粉水勾芡，以小火煮 5 分鐘即可。

香橙醬汁

使用法：沾、淋

材 料 香吉士汁 2 杯、水 1/2 杯、檸檬汁 1/4 小匙、玉米粉 1 小匙、糖 3 小匙（1 杯＝240cc）

作 法 檸檬及香吉士榨汁。將柑橘汁煮滾，加入溶於水中的玉米粉及糖，攪拌至糖融化並且煮到自己喜歡的濃度即可。

紅石榴醬汁

使用法：沾、淋

材 料 紅石榴果肉 2 杯、檸檬汁 1/4 杯、糖 1 小匙（1 杯＝240cc）

作 法 將紅石榴果肉榨成汁，加入檸檬汁、糖煮至適當濃度即可。

燙茭白筍

材　料　茭白筍 5 根

作　法

1. 茭白筍去皮、切塊或條狀。
2. 滾水中加鹽，放入茭白筍燙熟並且冰鎮，最後加入醬汁即可。

〈拌、淋、沾醬〉

藍莓油醋醬

使用法：拌、淋、沾

材　料 藍莓泥、白酒醋各 1/4 杯；橄欖油 3/4 杯、鹽 1/4 小匙（1 杯＝240cc）

作　法 將橄欖油和白酒醋先打成油醋汁，再加入藍莓泥拌勻，最後加鹽調味即可使用。

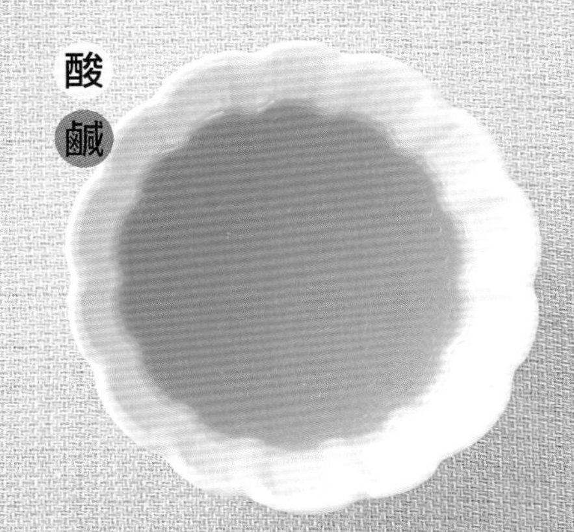

香橙油醋醬

使用法：拌、淋、沾

材　料 柳橙小丁 3 小匙、柳橙皮 1 小匙、橄欖油 3/4 杯、白酒醋 1/4 杯、鹽 1/4 小匙（1 杯＝240cc）

作　法 將橄欖油和白酒醋打成油醋汁，加入柳橙小丁和柳橙皮後拌勻，最後加鹽調味即可使用。

細香蔥油醋醬

使用法：拌、淋、沾

材 料 橄欖油 3/4 杯、白酒醋 1/4 杯、細香蔥碎 1 小匙、洋蔥碎 1 小匙、鹽 1/4 小匙（1 杯＝240cc）

作 法 將橄欖油和白酒醋打成油醋汁，加入細香蔥碎和洋蔥碎拌勻，最後加鹽調味即可使用。

水果油醋醬 使用法：拌、淋、沾

材 料 鳳梨 1 小匙、牛番茄 1 小匙、奇異果 1 小匙、紫洋蔥 1 小匙、橄欖油 1/2 杯、白酒醋 3 小匙、鹽 1/4 小匙（1 杯＝240cc）

作 法 水果和蔬菜切成小丁；橄欖油和白酒醋打成油醋汁，將水果和蔬菜小丁加入油醋汁中並加入鹽調味，攪拌均勻即完成。

紅葡萄酒油醋醬

使用法：拌、淋、沾

材 料 紅酒醋 1/4 杯、橄欖油 3/4 杯、鹽 1 小匙（1 杯＝240cc）

作 法 將紅酒醋加入橄欖油打成油醋汁，最後加鹽調味即可使用。

紅蔥頭醬汁 使用法：拌、淋、沾

材 料 紅蔥頭碎 1/2 杯、奶油 1/2 杯、百里香 1/4 小匙、鮮奶油 1/2 杯、鹽 1/4 小匙（1 杯＝240cc）

作 法 奶油、香料一同煮至澄清，加入鮮奶油拌勻，最後加鹽調味即可使用。

酸 鹹

水梨油醋醬

使用法：拌、淋、沾

材料 橄欖油 3/4 杯、白酒醋 1/4 杯、去皮水梨小丁 1/4 杯、鹽 1/4 小匙（1 杯＝240cc）

作法 橄欖油和白酒醋打成油醋汁，加入水梨小丁拌均勻，最後加鹽調味即可使用。

酸 香

酪梨醬

使用法：拌、淋、沾

材料 酪梨果肉 1.5 杯、檸檬汁 1 小匙、去皮小番茄 1/4 杯、蒜頭 1 小匙、香菜碎 1 小匙、鹽 1/4 小匙（1 杯＝240cc）

作法 所有材料放入食物調理機攪成細膩質地，最後加鹽調味即可使用。

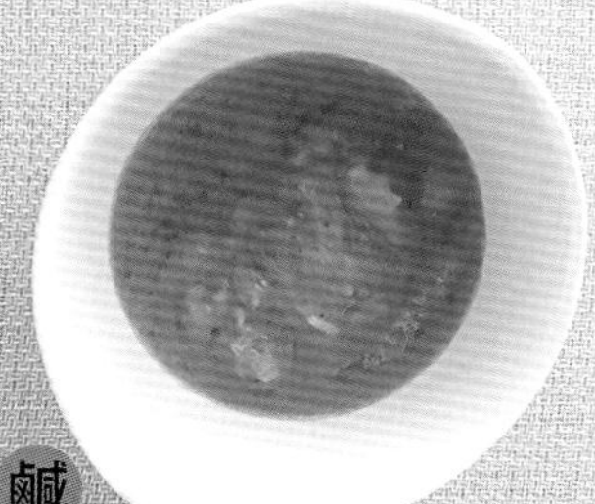

酸 鹹

鳳梨油醋醬

使用法：拌、淋、沾

材料 橄欖油 3/4 杯、白酒醋 1/4 杯、鳳梨小丁 1/4 杯、鹽 1/4 小匙（1 杯＝240cc）

作法 橄欖油與白酒醋打成油醋汁，加入鳳梨小丁拌均勻，最後加鹽調味即可使用。

燙秋葵

材　料　秋葵 10 根、鹽 1/4 小匙

作　法
1. 將秋葵刷洗乾淨。
2. 鍋中放入清水煮滾，加入鹽、秋葵，直到材料熟透，撈出冰鎮。
3. 取出瀝乾水分，即可搭配醬汁食用。

酸 鹹

杏桃油醋醬

使用法：拌、淋、沾

材料 橄欖油 3/4 杯、白酒醋 1/4 杯、杏桃小丁 1/4 杯、鹽 1/4 小匙（1 杯＝240cc）

作法 橄欖油和白酒醋打成油醋汁，加入杏桃小丁拌均勻，最後加鹽調味即可使用。

冰鎮山藥

材　料　日本山藥 600 克

調味料　鹽 1 小匙、白醋 1 大匙、清水適量

作　法

1. 山藥削皮後切成條狀。鍋內放入清水，大火將水燒開，放入調味料充分拌開。
2. 再次沸騰即可撈出、瀝乾，放入冷藏冰鎮後，淋在山藥上，或山藥搭配其他醬料，即可食用。

鹹　香

雙美人醬

使用法：拌、淋、沾

材　料　蒜末 1 小匙

調味料　雙美人油膏 2 大匙、糖 2 小匙、白醋 1 小匙、水 1 大匙

作　法　將調味料煮滾後再加入蒜末即可使用。

香　甜

酒香肉桂醬

使用法：醃

材　料　檸檬片 2 片、紅葡萄酒 100cc、水 100cc、肉桂粉 1/4 小匙

調味料　糖 1 大匙

作　法　將糖、紅酒、水及檸檬片一起用中火加熱，待冷卻後加入肉桂粉拌勻即可當作醃漬山藥的醃料。

香　鹹　甜

梅汁醃醬

使用法：醃

材　料　紫蘇梅 3 個、白話梅 1 個、薄荷葉碎 1 小匙

調味料　紫蘇梅汁 1 大匙、味醂 1 大匙、果糖 1 小匙

作　法　紫蘇梅去籽切末，所有材料與調味料攪拌均勻即可使用。

桂花蜜醬

使用法：拌、淋、沾

材　料　乾燥桂花 1/4 小匙、甜桂花醬 2 小匙

調味料　水麥芽 2 大匙、味醂 1 大匙

作　法　所有材料與調味料攪拌均勻即可。

甜　香

甜　酸

柚香醬

使用法：拌、淋、沾

材　料　柚子醬 2 大匙

調味料　味醂 3 大匙、果糖 2 小匙、鹽 1/4 小匙、白醋 1 小匙

作　法　所有材料與調味料攪拌均勻即可。

燙小黃瓜片

材　料　小黃瓜 2 條、鹽 1/4 小匙

作　法

1. 小黃瓜洗淨後，切除頭尾，再均切成 0.2 公分厚的圓片。
2. 滾水中加鹽，再放入小黃瓜，燙熟後撈出，以冰塊水冰鎮。
3. 撈出後瀝乾水分，即可搭配醬汁一起食用。

鹹 酸

覆盆子優格醬汁

使用法：拌、淋、沾

材　料 覆盆子果泥 1/4 杯、優格 1 杯、鹽 1/4 小匙（1 杯＝ 240cc）

作　法 將所有材料拌勻即可使用。

鹹 香

杏桃優格醬汁

使用法：拌、淋、沾

材　料 杏桃果泥 1/4 杯、優格 1 杯、鹽 1/4 小匙（1 杯＝ 240cc）

作　法 將所有材料拌勻即可使用。

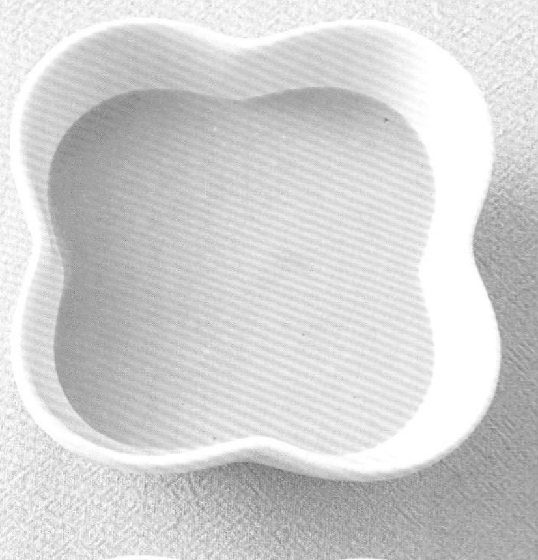

鹹
酸

百香果優格醬汁

使用法：拌、淋、沾

材料 百香果果泥 1/4 杯、優格 1 杯、鹽 1/4 小匙（1 杯＝240cc）

作法 所有材料拌勻即可使用。

甜
酸

草莓優格醬汁

使用法：拌、淋、沾

材料 草莓果泥 1/4 杯、優格 1 杯、鹽 1/4 小匙（1 杯＝240cc）

作法 所有材料拌勻即可使用。

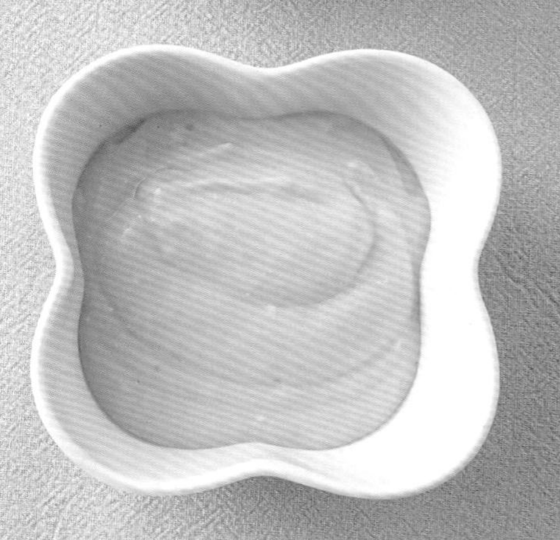

香

酪梨優格醬汁

使用法：拌、淋、沾

材料 酪梨醬 1/4 杯、優格 1 杯、鹽 1/4 小匙（1 杯＝240cc）

作法 所有材料拌勻即可使用。

甜
鹹

芒果優格醬汁

使用法：拌、淋、沾

材料 芒果果泥 1/4 杯、優格 1 杯、鹽 1/4 小匙（1 杯＝240cc）

作法 所有材料拌勻即可使用。

水煮綠竹筍

材　料　綠竹筍 1 支

作　法

1. 帶殼竹筍將外殼刷洗乾淨。
2. 放入鍋中，加清水蓋過，加蓋中火燜煮至水滾。
3. 轉小火保持微滾再煮 40 分鐘後關火。
4. 放涼後去殼切滾刀塊擺盤，即可搭配沾醬食用。

酸香　胡麻醬

使用法：拌、淋、沾

材　料　花生粉 1 小匙、芥末 1/4 小匙、美乃滋 3 大匙

調味料　芝麻醬 1 大匙；香油、醬油、糯米醋各 1 小匙；糖 1/2 小匙

作　法　所有材料與調味料攪拌均勻即可使用。

酸甜　檸香美乃滋

使用法：拌、淋、沾

材　料　美乃滋 8 大匙、檸檬汁 8 小匙、香檸皮 1/4 小匙、果糖 1 小匙

作　法　所有材料一起拌勻即可搭配竹筍。

甜辣　山葵美乃滋

使用法：拌、淋、沾

材　料　山葵粉 30 克、溫開水 3 大匙、美乃滋 3 大匙

作　法　山葵粉加水攪拌均勻，封保鮮膜放置 10 分鐘，再加入美乃滋拌勻即可。特別注意：山葵粉需要用溫開水攪拌，以免影響風味。

酸 鹹 柴魚芝麻醬

使用法：拌、淋、沾

材 料 白芝麻 1 小匙

調味料 柴魚醬油、味醂各 1 大匙；糖 2 小匙、水 3 大匙、檸檬汁 1 小匙

作 法 除了檸檬汁外，將其他的材料跟調味料一起煮滾後，再加入檸檬汁拌勻即完成。

酸 甜 千島醬

使用法：拌、淋、沾

材 料 美乃滋 1/2 杯、番茄醬 1/4 杯、檸檬汁 1 小匙、細砂糖 2 小匙

作 法 所有材料調勻即可搭配竹筍。

鹹 香 金沙炒溜醬

使用法：炒、溜

材 料 鹹蛋黃 4 顆、米酒 1 小匙、沙拉油 1 大匙、細砂糖 1/2 小匙

作 法 鹹蛋黃加米酒蒸熟後壓散；熱鍋倒油，加鹹蛋黃和糖炒出香氣和泡沫即可加入水煮綠竹筍拌炒。特別注意：炒鹹蛋黃時火力不可太大，容易燒焦。

酸 鹹 梅子醬

使用法：拌、淋、沾

材 料 紫蘇梅肉碎 1 大匙

調味料 冰梅醬 1 大匙、白醋 1 大匙、糖 1 大匙、水 2 大匙

作 法 將材料跟調味料一起煮滾放涼即可使用。

燙菠菜・小白菜

材　料　菠菜 100 克、小白菜 100 克

作　法

1. 把青菜洗淨，切成 5 公分的長段。
2. 鍋中放入 1000 cc 的水煮滾，加鹽後放入青菜燙熟，撈出、冰鎮。
3. 撈出、擠乾水分，即可搭配醬汁一起食用。

〈拌、淋、沾醬〉

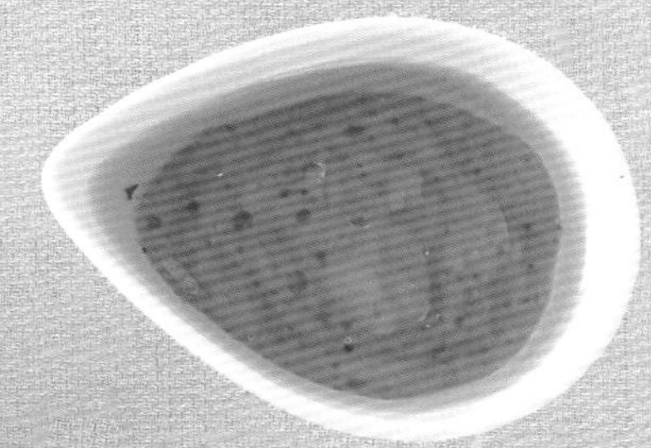

酸 鹹

芒果油醋醬　使用法：拌、淋、沾

材　料 芒果小丁、白酒醋各 1/4 杯；橄欖油 3/4 杯、鹽 1/4 小匙（1 杯＝ 240cc）

作　法 橄欖油和白酒醋打成油醋汁，加入芒果小丁拌勻，加入鹽調味即完成。

覆盆子油醋醬　使用法：拌、淋、沾

材　料 新鮮覆盆子小丁、白酒醋各 1/4 杯；橄欖油 3/4 杯、鹽 1/4 小匙（1 杯＝ 240cc）

作　法 橄欖油、白酒醋一起打成油醋汁，加入覆盆子小丁一起拌勻，加入鹽調味即可。

酸 鹹

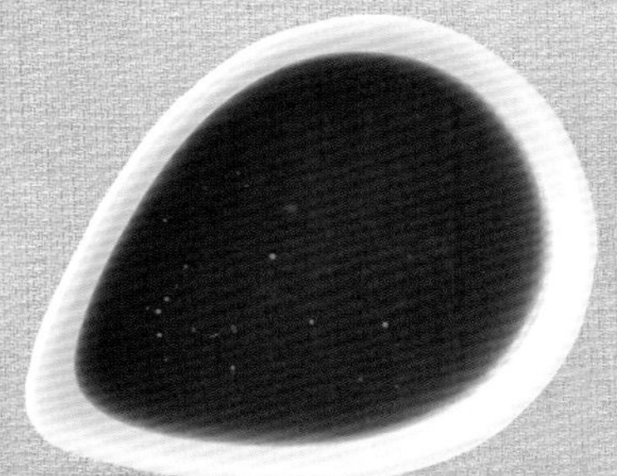

鹹 香

洋蔥醬汁　使用法：拌、淋、沾

材　料 洋蔥絲 2 杯、雞高湯 3 杯 (P173)；巴西里碎、鹽各 1/4 小匙（1 杯＝ 240cc）

作　法 鍋中加入 1 大匙油燒熱，將洋蔥炒至金黃，加入高湯煮至剩下一半，用果汁機打成細膩質地並且過濾，再煮至適當濃度關火，加入巴西里、鹽拌勻即完成。

防風根鮮奶油醬　使用法：拌、淋、沾

材　料 去皮防風根片 3/4 杯、雞高湯 2 杯；鮮奶油、洋蔥絲各 1/4 杯；百里香、鹽各 1/4 小匙（1 杯＝ 240cc）

作　法 熱鍋中加入 1 大匙油炒香洋蔥，加入百里香、防風根及雞高煮至高湯濃縮至 1/2，倒入果汁機中打勻、過濾，倒回鍋子煮滾關火，加入鮮奶油乳化並加鹽調味即完成。

鹹 香

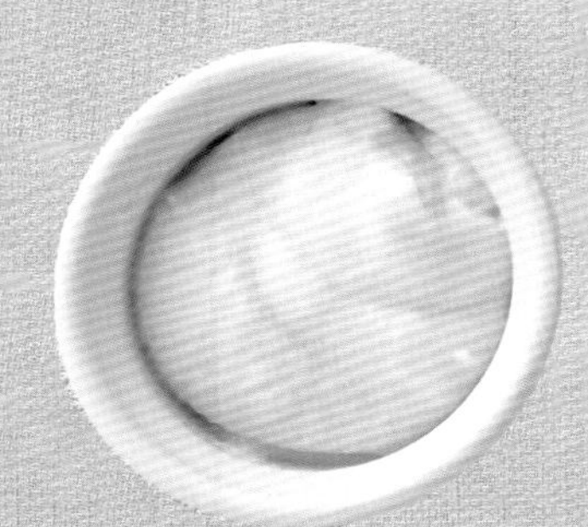

CHAPTER 2

換·個·醬·料

就能讓餐桌每道料理有滋有味！

—— 做出風味無限的吮指滋味 ——

米飯麵食篇

炒飯

材　料　雞蛋 2 個、白飯 250 克、蔥花 1/2 小匙

作　法

1. 雞蛋打入碗中，炒鍋燒熱放入沙拉油 2 大匙，加熱至出現油紋。
2. 放入雞蛋拌炒至起泡，放入白飯用炒鏟壓散，白飯推炒至粒粒分明，放入想要加入的炒醬後拌炒均勻，最後加入蔥花即可盛盤。

〈炒醬〉

打拋炒醬　使用法：炒

材　料　番茄醬 2 小匙、是拉差醬 1 小匙、魚露 1 小匙、糖 1/4 小匙、鹽 1/4 小匙

作　法　將所有材料一起調拌均勻，即可與炒飯一起拌炒後起鍋。

甜醬油炒醬　使用法：炒

材　料　甜醬油 2 小匙、鹽 1/4 小匙、白胡椒 1/4 小匙

作　法　將所有材料一起調拌均勻，即可與炒飯一起拌炒後起鍋。甜醬油容易焦鍋，所以要特別注意。

咖哩炒醬　使用法：炒

材　料　咖哩粉 2 大匙、沙拉油 1 大匙、洋蔥碎 30 克、蒜末 10 克、紅蔥頭 10 克

調味料　醬油 1 大匙、鹽 1/4 小匙、糖 1/4 小匙

作　法　熱鍋燒油炒香咖哩粉，加入其餘材料拌勻即可和炒飯拌炒均勻。

沙茶炒醬　使用法：炒

材　料　沙茶醬 1 大匙、鹽 1/4 小匙、白胡椒 1/2 小匙、醬油 1 小匙

作　法　在炒好的炒飯先加入沙茶醬炒香，再加入其他材料一起拌炒均勻。沙茶醬先炒過，可以增加香氣。

鹹

香

黑椒炒飯醬

使用法：炒

材　料 奶油1大匙、洋蔥末2大匙、紅蔥頭末1大匙、蒜末1大匙

調味料 黑胡椒粗粉1大匙、辣醬油1小匙、素蠔油3大匙、糖1大匙

作　法 所有材料與調味料攪拌均勻即可和炒飯拌炒均勻。

鹹

香

蔥香炒飯醬

使用法：炒

材　料 蔥花1大匙、洋蔥末1小匙、紅蔥頭末1小匙

調味料 醬油2小匙、蝦油1小匙、蔥油1小匙

作　法 所有材料與調味料攪拌均勻即可和炒飯拌炒均勻。

鹹

香

酸

甜

茄汁炒醬

使用法：炒

材　料 番茄粒3大匙、蔥花1大匙

調味料 番茄醬1大匙、糖1小匙、蝦油2小匙、白胡椒粉1/4小匙

作　法 所有材料與調味料攪拌均勻即可和炒飯拌炒均勻。

鹹

香

梅林炒醬

使用法：炒

材　料 鹽1/4小匙、白胡椒1/4小匙、醬油2小匙、梅林醬1小匙

作　法 先將炒飯炒好，再加入事先攪拌均勻的材料，一起拌炒均勻即可起鍋。

醬油炒醬 使用法：炒

鹹香

材料 醬油2小匙、白胡椒1/4小匙、鹽1/4小匙

作法 先將炒飯炒好，再加入事先攪拌均勻的材料，一起拌炒均勻即可起鍋。

XO炒醬 使用法：炒

鹹香

材料 紅蔥頭末、蒜末、辣椒末各1大匙；金華火腿末、扁魚碎1小匙、蒸好的干貝絲3個、蝦米2大匙、去籽乾辣椒段20克

調味料 沙拉油1杯、朝天椒粉2小匙、辣油1/2杯、鹽1/2小匙、糖1小匙

作法 沙拉油加熱至120℃，依序放入紅蔥頭末、蒜末、辣椒末慢慢加熱至140℃，炸至沒有水份，油呈現透明狀。再加入剩餘材料炸香關火，放置10分鐘後加入調味料拌勻。

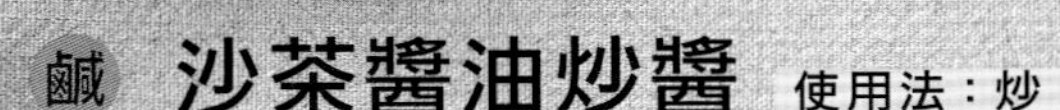

沙茶醬油炒醬 使用法：炒

鹹香

材料 沙茶醬2大匙、醬油1大匙、糖1/2小匙、鹽1/2小匙

作法 所有材料拌勻即可和炒飯拌炒均勻。

美極炒醬 使用法：炒

鹹香

材料 美極鮮味露1/2小匙、鹽1/4小匙、白胡椒1/4小匙、醬油2小匙

作法 先將炒飯炒好，加入所有材料一起拌炒均勻即可起鍋。

蒜油炒醬 使用法：炒

鹹香

材料 蒜頭30克、沙拉油100克

調味料 鹽1.5小匙、胡椒粉1/4小匙、蒜油2小匙

作法 先將蒜頭切碎，用油炸至金黃色，將油過濾備用。

應用方法 可以將炸好的蒜酥加入調味料再一起加入炒飯，風味更好。

特別注意 避免蒜頭炸到太黑，導致蒜油產生苦味。

炒油麵

材　料　油麵 150 克、洋蔥絲、蔥段、蒜末、辣椒各適量、清水 1 杯

作　法

1. 炒鍋燒熱，關小火放入沙拉油 2 大匙，略微加熱。
2. 放入洋蔥絲、蔥段、蒜末、辣椒拌炒爆香，再加入清水，以大火煮開，放入油麵炒散。
3. 加入自己喜歡的炒醬後拌炒均勻，加蓋大火燜煮 30 秒，炒拌均勻即可盛盤。亦可依喜好加入蔬菜、海鮮或肉絲當配料，以增加豐富度。

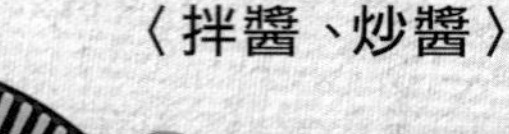

〈拌醬、炒醬〉

辣　老虎拌醬

使用法：拌

材　料　大蒜末 20 克、紅辣椒末 20 克、豆豉 10 克、油 2 大匙

調味料　白醋 1 大匙、鹽 1/4 小匙、糖 1/2 小匙

作　法　鍋中放入 2 大匙油燒熱，將蒜末、辣椒末、豆豉炒香，加入白醋、鹽、糖煮滾後放涼，就可以加入各種的炒麵料理中。

鹹香　日式炒醬

使用法：拌

材　料　味醂 1 小匙、醬油 2 小匙、糖 1/2 小匙、白胡椒 1/4 小匙、水 3/4 杯、細柴魚片 10 克（1 杯＝ 240cc）

作　法　將材料放入鍋中煮滾，即可與炒好的麵拌勻。

鹹鮮　蠔油炒醬

使用法：拌

材　料　蠔油 2 小匙、鹽 1/4 小匙、白胡椒 1/4 小匙、黑醋 1 小匙、糖 1/4 匙、水 3/4 杯（1 杯＝ 240cc）

作　法　把全部的材料攪拌均勻即可與炒好的麵拌勻。

鹹香　蝦醬炒醬

使用法：拌

材　料　蝦醬 1/4 小匙、蝦油 1/4 小匙、醬油 1 小匙、蠔油 1 小匙、白胡椒 1/4 小匙、水 3/4 杯（1 杯＝ 240cc）

作　法　將材料全部攪拌均勻即可與炒好的麵拌勻。

烏醋拌醬 使用法：拌

鹹 香

材　料 蔥花 1 大匙、香菜末 1 小匙

調味料 烏醋 1 大匙、A1 牛排醬 2 小匙、梅林醬 1 小匙、烤肉醬 1 大匙、糖 1 小匙

作　法 所有材料與調味料攪拌均勻即可與油麵一起拌炒。

肉骨茶拌醬 使用法：拌

材料 A 當歸、蔘鬚各 2 克；黃耆 3 克；川芎、甘草、熟地各 1 克、枸杞 10 克

材料 B 蒜末 1 小匙

調味料 醬油 3 大匙；米酒、白胡椒粉各 2 小匙；五香粉 1/2 小匙

作　法 醬油加熱至 80℃，放入材料 A 浸泡 30 分鐘，過濾掉藥材，再加入材料 B 與其餘調味料，攪拌均勻即可與油麵一起拌炒。

辣味炒醬 使用法：炒

材　料 辣椒末 2 大匙、蒜末 1 大匙

調味料 郫縣豆瓣、素蠔油、五印醋各 1 大匙；糖 1 小匙、花椒油 1/2 小匙

作　法 所有材料與調味料攪拌均勻即可與油麵一起拌炒。

薯泥咖哩炒醬

使用法：炒

材　料 咖哩粉 2 大匙；沙拉油、馬鈴薯泥各 1 大匙；洋蔥碎 30 克；蒜末、紅蔥頭各 10 克、醬油 1 大匙、鹽 1/4 小匙、糖 1/4 小匙

作　法 鍋中放入沙拉油燒熱，炒香咖哩粉後加入其餘材料拌勻即可。

醬油沙茶炒醬

使用法：炒

材　料 沙茶醬 2 大匙、糖 1/2 小匙、鹽 1/2 小匙、醬油 1 大匙

作　法 所有材料拌勻即可和油麵拌炒。

醬拌陽春麵

材　料
白麵條 200 克

調味料
鹽 1 大匙

作　法

1. 鍋內放入 2 公升的清水，大火將水燒開放入鹽與麵條。
2. 將白麵條充分拌開，等待再次沸騰後加冷水 1 杯，再次沸騰後再加冷水 1 杯。
3. 再次沸騰後撈出瀝乾，放入碗中。
4. 此時可以淋上自己想要搭配的醬汁，再充分泮勻即可食用。也可以依個人喜好加入蔬菜、海鮮或肉絲當配料，更能增加豐富度。

〈淋醬、拌醬〉

\ 蠔油菇丁淋拌醬 /

使用法：淋、拌

材　料 乾香菇 6 朵、薑 2 片、蔥段 1 根、沙拉油 1 小匙、水 5 大匙

調味料 紹興酒 1/2 小匙、蠔油 1.5 大匙、細砂糖 1/4 小匙

作　法 香菇泡軟切丁；熱鍋倒油，放薑片、蔥段和香菇丁以小火炒香，加水和調味料拌勻煮 3 分鐘，撈出蔥段和薑片即可淋在陽春麵上。

\ 香辣雞淋拌醬 /

使用法：淋、拌

材　料 雞胸肉 100 克；蝦米、紅蔥末、蒜末各 20 克；粗辣椒粉 1 小匙、水 2 大匙、沙拉油 1 大匙

調味料 蠔油 1.5 小匙、細砂糖 1/2 小匙

作　法 蝦米和雞胸洗淨切末；熱鍋加油，放蒜末和紅蔥末小火炒至金黃，加入粗辣椒粉炒勻，最後加剩餘材料及調味料一起炒勻即可淋在陽春麵上。

鹹甜

絞肉豆干淋拌醬 使用法：淋、拌

材　料 豬絞肉150克、黃豆干3片、紅蔥末1小匙；青蔥末、太白粉水各2小匙；沙拉油1.5大匙

調味料 甜麵醬1大匙、豆瓣醬1.5大匙、細砂糖1小匙

作　法 熱鍋加沙拉油，放入青蔥末、紅蔥末小火煸至金黃，加入絞肉和豆干丁大火炒至略黃，加入甜麵醬和豆瓣醬炒出香味，再加細砂糖小火煮至收汁，最後加太白粉水勾芡即可。

鹹香

菜脯香鬆淋拌醬 使用法：淋、拌

材　料 雞胸丁80克、碎菜脯30克、蒜末1小匙、沙拉油1大匙

調味料 鹽1/2小匙；細砂糖、胡椒粉各1/4小匙；醬油1小匙

作　法 菜脯洗淨擠乾水分；熱鍋燒油，放入蒜末炒至略黃，加碎菜脯、雞胸丁炒香，最後加入調味料拌勻即可淋在陽春麵上。

鹹香

韭菜肉末淋拌醬 使用法：淋、拌

材　料 豬絞肉100克、韭菜段50克、太白粉1小匙、水50cc、沙拉油1小匙

調味料 鹽1/4小匙、醬油1/2小匙、辣椒醬1小匙、細砂糖1/4小匙

作　法 豬絞肉加太白粉拌勻；熱鍋倒沙拉油，放入絞肉中火炒至變白，加辣椒醬炒出香味，再加水和其餘調味料拌勻，最後加入韭菜大火炒1分鐘即可。

特別注意 豬絞肉炒久一點才會有香氣，為防止絞肉乾硬，需要抓少許太白粉；而韭菜久炒反而會散失香味，所以要在最後以大火快速炒出香味。

鹹酸

酸菜淋拌醬 使用法：淋、拌

材　料 客家酸菜100克、辣椒末15克、蒜花生1.5大匙、薑末1/2小匙、豬油2小匙

調味料 細砂糖1/2小匙、醬油1小匙

作　法 酸菜洗淨切碎；蒜花生碾碎；熱鍋放豬油，加薑末、辣椒末炒出香氣，加蒜花生、醬油、酸菜小火炒3分鐘，最後加糖炒化即可。

特別注意 酸菜的鹹和酸味很重，必須先沖洗過後入菜味道才會比較好，而加糖可以提香和增鮮。

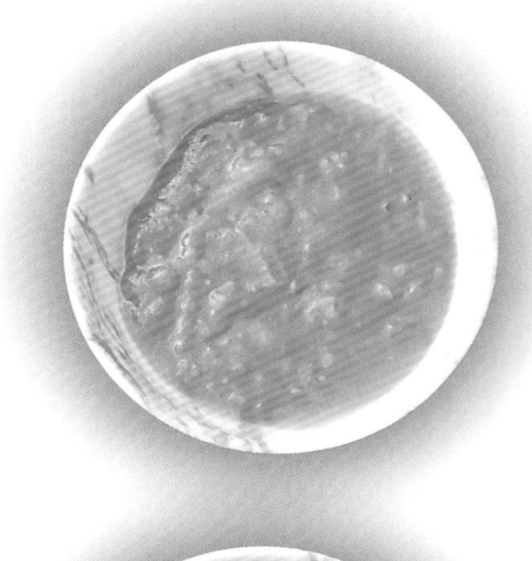

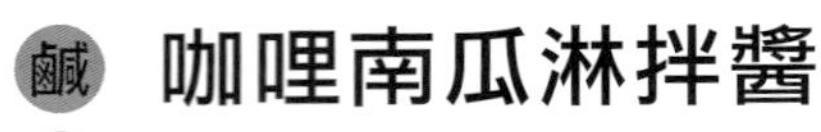

鹹 香 甜

咖哩南瓜淋拌醬

使用法：淋、拌

材　料 去皮南瓜 100 克、洋蔥末 40 克、蒜末 1/2 小匙、奶油 2 小匙、水 100ml

調味料 咖哩粉 1.5 小匙、鹽 1 小匙

作　法 南瓜切丁取一半，放入盤中蒸熟後壓成泥；熱鍋放奶油、洋蔥末、蒜末炒軟，加咖哩粉、南瓜丁炒 2 分鐘，加水小火煮 5 分鐘，加入南瓜泥和鹽煮至南瓜軟化即可淋在陽春麵上。

鹹 香 辣

魚香淋拌醬

使用法：淋、拌

材　料 豬肉絲 50 克；薑末、蒜末、太白粉各 1/2 小匙；水 3 大匙、沙拉油 1 大匙

調味料 辣豆瓣醬 1.5 小匙、白醋 1 小匙、細砂糖 1/2 小匙、醬油 1 又 1/4 小匙

作　法 肉絲和太白粉抓勻；熱鍋倒油，放入肉絲以中火炒至變白，加入薑蒜末、辣豆瓣炒出香味，再加水和其餘調味料煮至略收汁即可淋在陽春麵上。

鹹 香

榨菜肉末淋拌醬

使用法：淋、拌

材　料 豬絞肉 100 克、榨菜 30 克、蒜末 1/2 小匙、太白粉 1 小匙、沙拉油 1 大匙、水 1/2 杯

調味料 辣椒醬 1/2 大匙、醬油 1.5 小匙、細砂糖 1/2 小匙

作　法 絞肉加太白粉拌勻；榨菜洗淨切小丁；熱鍋加沙拉油，放入絞肉炒熟，加蒜末、榨菜小火炒香，加水和調味料拌勻、收汁即可。

特別注意 榨菜要經過小火炒，才能讓香味散發。

鹹 鮮

XO 淋拌醬

使用法：淋、拌

材　料 豬絞肉 80 克、太白粉 1/2 小匙、水 3 大匙、沙拉油 1 大匙

調味料 XO 醬 1 大匙、醬油 1 小匙、細砂糖 1/2 小匙

作　法 絞肉和太白粉拌勻；熱鍋倒油，放絞肉炒至變白，加入調味料炒出香味，再加水煮 2 分鐘即可淋在陽春麵上。

鹹 甜 酸

五味拌醬 使用法：淋、拌

材　料 蒜泥 1 小匙、薑泥 1/2 小匙

調味料 冷開水 6 大匙、番茄醬 3 大匙、醬油膏 3 小匙、烏醋 3 小匙、香油 1 小匙、細砂糖 2 大匙、鹽 1/2 小匙

作　法 所有材料與調味料拌勻即可淋在油麵上。

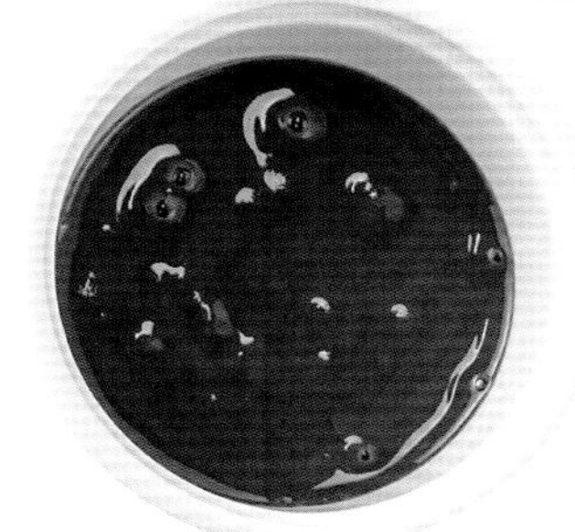

鹹 香

台式芝麻拌醬 使用法：淋、拌

材　料 芝麻醬 3 大匙、蒜泥 1 小匙、薑泥 1/2 小匙

調味料 涼開水 8 大匙、醬油 3 小匙、白醋 2 小匙、烏醋 2 小匙、香油 1 小匙、細砂糖 2 小匙、鹽 1/2 小匙

作　法 芝麻醬分次加水拌勻，再將其餘材料和調味料放入拌勻即可淋在油麵上。

鹹 甜 香

蒜蓉拌醬 使用法：淋、拌

材　料 蒜泥 2 小匙

調味料 醬油膏 4 小匙、鹽 1 小匙、糖 1 小匙、水 120 cc

作　法 將所有材料與調味料拌勻即可淋在油麵上。

涼麵

材　料
細油麵 250 克

調味料
鹽 1 大匙

作　法

1. 鍋內放入 2 公升的清水，大火將水燒開放入鹽與麵條。
2. 將麵條充分拌開，等待再次沸騰撈出瀝乾，吹風吹涼，要一直翻動。
3. 淋上想要搭配的醬汁，充分拌勻即可食用。可依喜好加入蔬菜、海鮮或肉絲當配料來增加豐富度。

鹹 酸 辣

怪味淋拌醬

使用法：淋、拌

材　料 芝麻醬 2 大匙、芥末粉 1 小匙、蒜末 1 小匙、薑末 1/2 小匙、辣椒末少許

調味料 紅油 1 小匙、香油 1 小匙、細砂糖 3 小匙、醬油 3 小匙、白醋 2 小匙、鹽 1/2 小匙

作　法 芝麻醬分次加入開水拌勻，再加入其餘材料和調味料拌勻即可淋在油麵上。

鹹 甜 酸

花生芝麻拌醬

使用法：淋、拌

材　料 芝麻醬 1.5 小匙、甜花生醬 1.5 小匙、蒜泥 1.5 小匙

調味料 水 90ml、白醋 3 小匙、醬油 3 小匙、糖 1.5 小匙、鹽 1/2 小匙

作　法 先將芝麻醬加水調勻，再加入其他材料和調味料拌勻即可。

鹹 香

絞肉炸醬拌醬

使用法：淋、拌

材　料 豬絞肉 100 克、黃豆干丁 15 克、洋蔥末 1 小匙、蒜末 1/2 小匙

調味料 甜麵醬 1 大匙；不辣豆瓣醬、米酒、醬油、糖各 1 小匙；白胡椒 1/4 小匙、水 1 杯

作　法 將絞肉炒熟後，加入豆干、洋蔥、蒜末炒香，再加入甜麵醬跟豆瓣醬拌炒後，把其他調味料加入鍋中熬煮即可。

鹹 辣

七味和風淋拌醬

使用法：淋、拌

材　料 蒜末 1 大匙、辣椒末 1 大匙

調味料 七味粉 2 小匙、海鮮醬 1 大匙、味醂 2 大匙、醬油 1 小匙、糖 1 小匙

作　法 所有材料與調味料攪拌均勻即可。

台式香豆豉拌醬

使用法：淋、拌

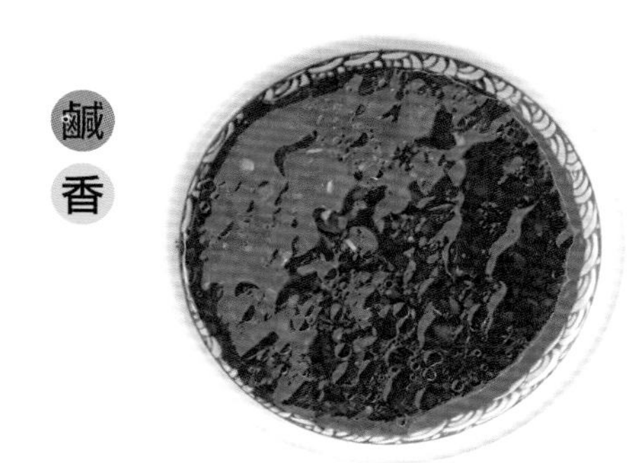

材　料 豆豉 3 小匙、蒜末 1.5 小匙、薑末 3/4 小匙

調味料 沙拉油 3 小匙、涼開水 9 大匙、醬油 3 小匙、細砂糖 1.5 小匙、香油 1.5 小匙

作　法 豆豉泡熱水 5 分鐘後撈出瀝乾、切碎；熱鍋倒入沙拉油，放入豆豉和蒜末小火炒香，加水和其餘材料、調味料拌勻煮滾，放涼即可使用。

雲南涼麵淋拌醬

使用法：淋、拌

材　料 花椒粉 1/2 小匙、辣椒粉 1 小匙

調味料 香醋 2 小匙、花生油 2 小匙、醬油 1 小匙、鹽 1/2 小匙、糖 1 小匙、水 6 大匙

作　法 所有材料與調味料拌勻即可淋在麵上，並搭配其他配料享用。

泰式涼麵拌醬

使用法：淋、拌

材　料 紅辣椒 2 條、蒜仁 2 顆、在來米粉 1 大匙

調味料 涼開水 4 大匙、細砂糖 2.5 大匙、檸檬原汁 3 大匙、魚露 1.5 小匙、鹽 1/4 小匙

作　法 紅辣椒、蒜仁用滾水煮 1 分鐘後撈出沖涼，放入調理機中加水打碎，倒入鍋中，再加入其餘材料（除在來米粉）小火煮至微滾，關火後用在來米粉加水勾芡至適當稠度放涼即可使用。

特別注意 辣椒蒜仁不宜汆燙過久，會失去味道。

沙茶淋拌醬

使用法：淋、拌

材　料 在來米粉 1 小匙、蒜末 1 小匙、水 1 大匙

調味料 香油 2 小匙、沙茶醬 3 大匙、細砂糖 3 小匙、蠔油 2 小匙、鹽 1 小匙、蝦油 2 小匙

作　法 水加入鍋中煮滾，加入蒜末及調味料（香油除外）煮至微滾，用在來米粉加 1 大匙水將醬汁勾芡至適當稠度，關火加入香油略拌放涼即可使用。

義大利筆管麵

〈淋醬、拌醬〉

材　料

義大利筆管麵 150 克、鹽 1 小匙

作　法

1. 鍋中放入一大鍋的水以及鹽一起煮滾，將義大利筆管麵放入，燙約 5-6 分熟，撈起瀝乾備用。
2. 將燙好的義大利麵以及想要加入的醬料、少許煮麵水拌炒至麵體是自己喜愛的口感，即可起鍋裝盤。

鹹　香

煙燻鮭魚奶油醬

使用法：淋、拌

材　料 燻鮭魚丁 1/2 杯、白酒 2 杯、紅蔥頭片 1 大匙、蒜頭片 1/2 大匙、鮮奶油 3/4 杯、鹽 1/4 小匙（1 杯＝240cc）

作　法 將紅蔥頭、蒜片加白酒煮縮剩一半後過濾，加入鮮奶油煮滾，最後拌入燻鮭魚用鹽調味即完成。

鹹　香

葛利亞起司醬

使用法：淋、拌

材　料 鮮奶油、雞高湯（P173）各 1 杯；奶油 1 大匙；葛利亞起司、帕馬森起司各 1/2 杯；洋蔥碎 1/4 杯；紅蘿蔔碎、西芹碎各 2 大匙；鹽 1/4 小匙（1 杯＝240cc）

作　法 鍋中加入高湯、蔬菜碎煮滾，加入鮮奶油煮濃縮到一半，過濾後加入兩種起司煮至適當稠度，加入奶油乳化用鹽調味即完成。

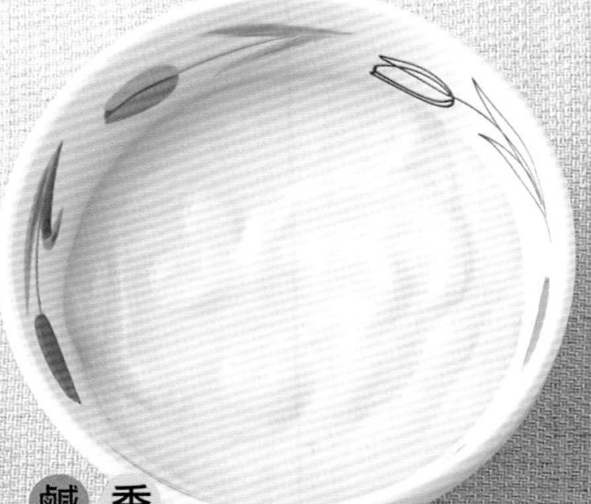

鹹 香

奶油白醬汁

使用法：淋、拌

材 料 奶油1杯、低筋麵粉1杯、牛奶10杯、鹽1大匙（1杯＝240cc）

作 法 先將奶油融化成液態，離火加入低筋麵粉拌炒至奶油與麵粉混合均勻後，倒入牛奶煮至奶油、麵粉溶入，並用鹽調味即完成。

鹹 香

奶油洋蔥培根醬

使用法：淋、拌

材 料 洋蔥碎1/4杯、鮮奶油1/2杯、雞高湯3/4杯（P173）、培根末1/4大匙；奶油1大匙；鹽1/4小匙（1杯＝240cc）

作 法 鍋中放入洋蔥、培根炒香，加入高湯，濃縮至一半，加入奶油、鮮奶油煮至適當稠度，最後用鹽調味即完成。

鹹 香

奶油淋拌醬

使用法：淋、拌

材 料 鮮奶油1/2杯、雞高湯1.5杯（P173）、奶油1大匙鹽1/4小匙（1杯＝240cc）

作 法 鍋中放入高湯、鮮奶油煮到濃縮至一半，加入奶油乳化並煮到適當稠度，最後用鹽調味即完成。

鹹 香

奶油蘑菇拌醬

使用法：淋、拌

材 料 培根丁、洋蔥碎、洋菇碎各1/4杯；鮮奶油1/2杯、雞高湯3/4杯（P173）；奶油1大匙；鹽1/4小匙（1杯＝240cc）

作 法 鍋中放入洋菇、洋蔥、培根炒香，加入高湯煮到濃縮至一半，加入奶油、鮮奶油煮至適當稠度，最後用鹽調味即完成。

鹹 香

鮮奶油醬汁

使用法：淋、拌

材 料 鮮奶油3/4杯、雞高湯1/2杯（P173）、鹽1/4小匙；紅蔥頭碎、蒜碎、洋蔥碎、奶油各1大匙（1杯＝240cc）

作 法 鍋中放入高湯、蔬菜碎煮滾，加入鮮奶油煮到濃縮至一半，加入奶油乳化並煮至適當稠度，最後用鹽調味即完成。

義大利麵

材　料

義大利麵 150 克、鹽 1 小匙

作　法

1. 鍋中放入一大鍋的水以及鹽一起煮滾，將義大利麵放入，燙約 5-6 分熟，撈起瀝乾備用。
2. 將燙好的義大利麵以及想要加入的醬料、少許煮麵水拌炒至麵體是自己喜愛的口感，即可起鍋裝盤。

義大利肉醬 使用法：淋、拌

材　料 去皮牛番茄丁 2 杯、洋蔥碎 3/4 杯；紅蘿蔔碎、西芹碎各 1/4 杯；番茄糊、細砂糖各 1 大匙；蒜碎 2 大匙、紅酒 1/2 杯、雞高湯（P173）4 杯、豬絞肉 3 杯、香草束 1 束；鹽、胡椒各 1/4 小匙、橄欖油 2 大匙

作　法 鍋中放入絞肉煎至上色起鍋備用。在鍋子中加入橄欖油燒熱，加入洋蔥、西芹及紅蘿蔔炒至金黃，加入番茄糊、番昔丁、香草束、蒜碎、細京糖拌炒，再加入煎好的絞肉炒勻，加入紅酒煮至濃縮剩 1/2，加入高湯煮滾後轉小火煮到絞肉入味，最後用鹽、胡椒調味即完成。

番茄羅勒醬汁 使用法：淋、拌

材　料 去皮牛番茄丁 3 杯、洋蔥碎 3/4 杯；紅蘿蔔碎、西芹碎各 1/4 杯；番茄糊、羅勒、細砂糖各 1 大匙；蒜碎、橄欖油各 2 大匙；雞高湯（P173）4 杯、香草束 1 束；鹽、胡椒各 1/4 小匙

作　法 鍋子內加入橄欖油燒熱，加洋蔥及蒜頭炒香，再加入西芹及紅蘿蔔炒至金黃，放入番茄丁、番茄糊，再加入高湯及香草束煮滾後轉小火，將香料束取出，將番茄醬汁打勻，再煮成需要的濃稠度後關火，加入剩餘材料拌勻即完成。

義大利番茄淋拌醬 使用法：淋、拌

鹹 甜 香

材　料 去皮牛番茄丁 3 杯、洋蔥碎 3/4 杯；紅蘿蔔碎、西芹碎各 1/4 杯；番茄糊、蒜碎、橄欖油各 2 大匙；紅酒 1/2 杯、高湯 4 杯、香草束 1 束；鹽、胡椒各 1/4 小匙；義大利香料 1/2 大匙

作　法 鍋中倒入橄欖油燒熱，加入洋蔥、蒜頭炒香，再加入西芹及紅蘿蔔炒至金黃，再加入番茄丁及番昔糊及紅酒煮至剩 1/2，再加入高湯及香草束，將高湯煮滾轉小火煮至番茄變軟，將香料束取出，用果汁機打勻，再煮成自己喜歡的濃度並且加入鹽、胡椒、香料調味即可。

番茄乳酪醬汁 使用法：淋、拌

材　料 去皮牛番茄丁 3 杯、洋蔥碎 3/4 杯；紅蘿蔔碎、西芹碎各 1/4 杯；番茄糊 1 大匙；蒜碎、橄欖油各 2 大匙；紅酒 1/2 杯、雞高湯 4 杯（P173）；帕瑪森起司粉各 1 大匙；香草束 1 束；鹽、胡椒各 1/4 小匙

作　法 鍋中倒入橄欖油燒熱，加入洋蔥、蒜頭炒香，再加入西芹及紅蘿蔔炒至金黃，再加入番茄丁、番茄糊及紅酒煮至剩 1/2，再加入高湯及香草束，將高湯煮滾轉小火煮至番茄變軟，將香料束取出，用果汁機打勻，再煮成自己喜歡的濃度，關火加入帕瑪森起司粉並調味即可。

鹹 甜 香

番茄臘腸拌醬 使用法：淋、拌

鹹 甜 香

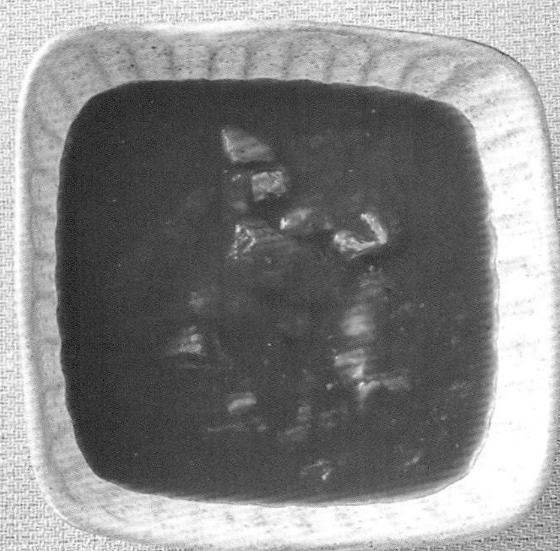

材　料 去皮牛番茄丁 3 杯、洋蔥碎 3/4 杯；紅蘿蔔碎、西芹碎各 1/4 杯；番茄糊 1 大匙；蒜碎 2 大匙；西班牙臘腸各 1/2 杯；雞高湯（P173）4 杯、香草束 1 束、橄欖油 2 大匙；鹽、胡椒各 1/4 小匙

作　法 鍋子內加入橄欖油燒熱，加入洋蔥及蒜頭炒香，再加入紅蘿蔔西芹炒至金黃，再加入番茄糊及番茄丁拌炒均勻，將臘腸煎上色加入醬汁並且煮 30 分鐘，再煮成需要的濃稠度，關火並調味即可。

番茄拌醬 使用法：淋、拌

材　料 去皮牛番茄塊 3 杯、洋蔥碎 3/4 杯；紅蘿蔔碎、西芹碎各 1/4 杯；羅勒末、番茄糊各 1 大匙；蒜碎、橄欖油各 2 大匙；紅酒 1/2 杯、高湯 4 杯、香草束 1 束；鹽、胡椒各 1/4 小匙

作　法 鍋中倒入橄欖油燒熱，加入洋蔥、蒜頭炒香，再加入西芹及紅蘿蔔炒至金黃，再加入番茄及紅酒煮至剩 1/2，再加入高湯及香草束，將高湯煮滾轉小火煮至番茄變軟，將香料束取出，用果汁機打勻，再煮成自己喜歡的濃度即可關火。

鹹 甜 香

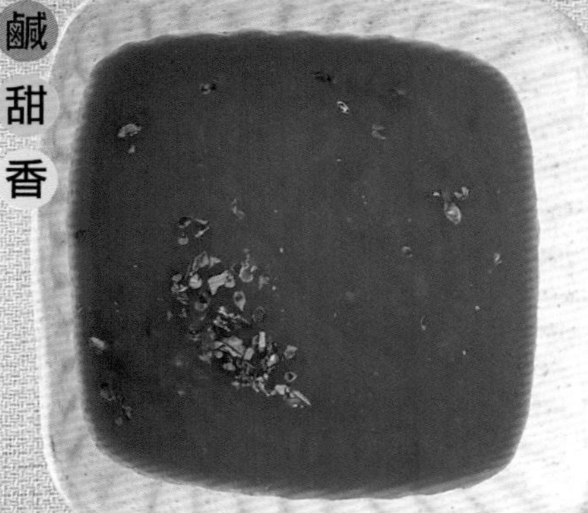

義大利麵疙瘩

材　料　義大利麵疙瘩 150 克、鹽 1 小匙

作　法

1. 鍋中放入一大鍋的水以及鹽一起煮滾，將義大利麵放入，燙約 5-6 分熟，撈起瀝乾備用。
2. 熱鍋下油，將燙好的麵疙瘩煎至金黃，加入醬料、少許煮麵水拌炒至麵體是自己喜愛的口感，即可起鍋裝盤。

波隆那肉醬

使用法：淋、拌

材　料 牛絞肉、豬絞肉各 1 杯；洋蔥碎 3/4 杯；紅蘿蔔碎、西芹碎各 1/4 杯； 番茄糊、培根、奶油、細砂糖各 1 大匙；白酒 1/2 杯、雞高湯 4 杯 (P173)；鹽、胡椒各 1/4 小匙；橄欖油、鮮奶油各 2 大匙

作　法 先將絞肉煎上色取出。鍋中加入橄欖油燒熱，加入培根、洋蔥炒香，再加入西芹及紅蘿蔔炒至金黃，放入番茄糊拌炒去除酸味，加入煎好的絞肉、白酒煮至濃縮成 1/2，再加入高湯煮至絞肉入味，關火加入鮮奶油及奶油乳化後調味即完成。

鹹 辣 香

青醬

使用法：淋、拌

材　料 羅勒 4 杯、松子 1 大匙、蒜碎 1 大匙、帕馬森起司 1/4 杯、冰塊 1/4 杯

作　法 羅勒用滾水燙過冰鎮，將所有材料用果汁機打成細膩的質地即可使用。

鹹 辣 香

番茄茄子淋拌醬

使用法：淋、拌

材 料 小番茄 3 杯、茄子 2 杯；辣椒、蒜碎、紅酒、巴西里、紅椒粉、羅勒各 1/2 大匙；雞高湯 2 杯（P173）、橄欖油 4 大匙；鹽、胡椒各 1/4 小匙

作 法 小番茄去皮去籽、切碎；茄子切小塊、蒜頭切碎、辣椒拍扁；巴西里、羅勒切碎。鍋中加入橄欖油燒熱，加入蒜頭及辣椒小火炒至金黃，將辣椒挑除，再加入茄子及高湯煮 10 分鐘，加入紅酒、小番茄及紅椒粉煮 35 分鐘，再煮成需要的濃稠度關火，加巴西里及羅勒並調味即可。

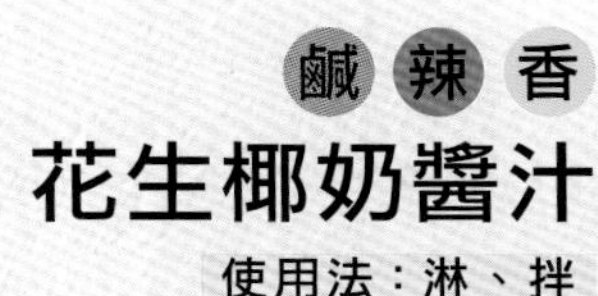

鹹 辣 香

花生椰奶醬汁

使用法：淋、拌

材 料 花生油 2 大匙；花生、椰奶各 1/2 杯；蒜、薑、青辣椒、老抽各 1 大匙；香菜、胡椒 1/4 小匙；黑糖 1/2 大匙、魚露 1/4 杯

作 法 用平底鍋炒熟花生；將蒜、薑、青辣椒、香菜以小火炒 4-5 分鐘。所有材料混合打勻即完成。

鹹 辣 香

腰果醬汁

使用法：淋、拌

材 料 洋蔥 1 杯、腰果 1/2 杯；蒜末、檸檬汁、葡萄乾碎、咖哩粉、辣椒粉、優酪乳、香菜碎、薑黃粉、鹽、胡椒各 1 大匙；切角番茄 1/4 杯、水 2 杯；玉米油 2 大匙

作 法 將所有材料除了葡萄乾、水及香菜用食物調理機打成泥；熱鍋加油再加入打好的醬汁，以小火煮 5 分鐘，接著加入葡萄乾碎及香菜煮 2 分鐘即可。

烤土司

材　料　土司麵包 2 片、奶油 1/2 大匙

作　法

1. 將奶油軟化，均勻地塗抹在土司上。
2. 放入烤箱中烤至金黃，再搭配醬料一起享用。

〈抹、沾醬〉

鹹 香

奶油蒜味醬

使用法：抹、沾

材　料 奶油 1 杯、蒜頭 1/4 杯、巴西里 1 大匙，鹽、胡椒各 1/4 小匙（1 杯 = 240cc）

作　法 所有材料放入食物調理機打均勻即可。

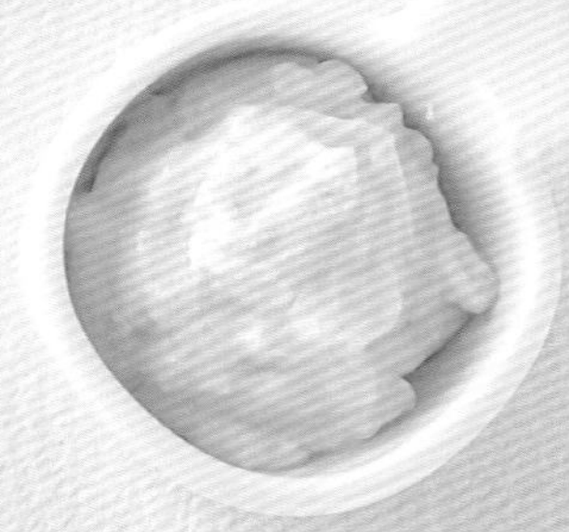

鹹 香

鮪魚抹醬

使用法：抹、沾

材　料 鮪魚罐頭末 1/4 小匙、美乃滋 1/2 杯、胡椒 1/4 小匙、鹽 1/4 小匙（1 杯 = 240cc）

作　法 將鮪魚罐頭與美乃滋拌勻，用胡椒、鹽調味即可。

甜香

松露奶油醬

使用法：抹、沾

材　料 奶油 3/4 杯、松露醬 1 大匙、松露油 1/2 大匙、鹽 1/4 小匙（1 杯＝ 240cc）

作　法 奶油用打蛋器打至反白，拌入剩餘材料並且調味即可。

鹹香

香料奶油醬

使用法：淋、拌

材　料 洋蔥碎 1 大匙、大蒜碎 1 大匙、百里香 1 大匙、迷迭香 1 大匙、義式綜合香料 1 大匙、黑胡椒粒 1 大匙、鹽 1/4 小匙、奶油 1 杯（1 杯＝ 240cc）

作　法 將奶油放室溫軟化，拌入香料，用鹽調味。

鹹香

烏魚子奶油醬

使用法：抹、沾

材　料 烏魚子 2 大匙、奶油 1 杯；鹽、胡椒各 1/4 小匙；高粱 1 大匙（1 杯＝ 240cc）

作　法 烏魚子淋上高粱點火燃燒去腥增加香氣，將烏魚子切末；奶油軟化後用打蛋器打至反白，加入烏魚子並且調味即可。

鹹酸香

塔塔醬

使用法：淋、拌

材　料 水煮蛋 1 顆、麵包粉 2 大匙、洋蔥 4 大匙、酸豆 2 大匙、酸黃瓜 4 大匙、檸檬汁 2 大匙、美玉白汁 1/2 杯（1 杯＝ 240cc）

作　法 洋蔥、酸豆、酸黃瓜、水煮蛋切碎備用，將所有材料混合即為塔塔醬。

甜香

奶酥醬

使用法：抹、烤

材　料 奶油 1 杯、糖粉 1/2 杯、奶粉 1/2 杯（1 杯＝ 240cc）

作　法 奶油軟化後用打蛋器打至反白，加入奶粉及糖粉即可。

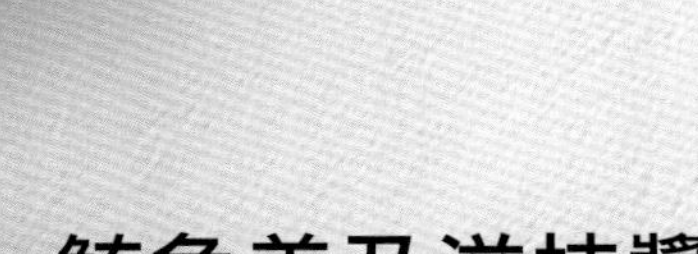

鹹香

鮪魚美乃滋抹醬

使用法：抹、沾

材　料 鮪魚罐頭 1/2 杯、美乃滋 1/2 杯、胡椒 1/4 小匙、鹽 1/4 小匙

作　法 鮪魚罐頭與美乃滋拌勻，加入胡椒、鹽調味拌勻即可。

烤貝果

材　料　貝果麵包3個

作　法

1. 將烤箱預熱。
2. 貝果橫剖一半，放入烤箱烤熱，取出即可搭配喜歡的醬料一起享用。

〈抹、沾醬〉

奶油乳酪醬

使用法：抹、沾

材　料　奶油乳酪1/2杯、鮮奶油1/2杯、糖1大匙、鹽1/2大匙、巴西里碎1/2小匙（1杯＝240cc）

作　法　奶油乳酪加鮮奶油用打蛋器拌勻過篩，加入糖、鹽調味拌勻即可。

芒果奶油乳酪抹醬

使用法：抹、沾

材　料　奶油乳酪1/2杯、鮮奶油1/2杯、芒果果泥1/4杯、糖1大匙、鹽1/4小匙（1杯＝240cc）

作　法　奶油乳酪加鮮奶油用打蛋器拌勻並且過篩，加入糖、鹽調味，最後加入芒果果泥拌勻即可。

燻鮭魚奶油乳酪醬

香 鹹

使用法：抹、沾

材 料 奶油乳酪 1/2 杯、鮮奶油 1/2 杯、巴西里 1 大匙、燻鮭魚 1/4 杯；鹽、胡椒各 1/4 小匙（1 杯 = 240cc）

作 法 巴西里切碎、燻鮭魚切碎；奶油乳酪加鮮奶油用打蛋器拌勻後過篩，用鹽、胡椒調味並加入巴西里及燻鮭魚即可。

香 鹹

鵝肝奶油威士忌醬

使用法：抹、沾

材 料 鵝肝罐頭 1/2 杯、奶油 1/2 杯、威士忌 1/2 大匙、胡椒 1/4 小匙、鹽 1/4 小匙（1 杯 = 240cc）

作 法 奶油用打蛋器打到反白，拌入鵝肝罐頭及威士忌，加入胡椒、鹽調味即可。

藍莓奶油乳酪醬

使用法：抹、沾

材 料 奶油乳酪、鮮奶油各 1/2 杯；藍莓果泥 1/4 杯、糖 1 大匙、鹽 1/2 小匙（1 杯 = 240cc）

作 法 奶油乳酪加鮮奶油用打蛋器拌勻並且過篩，加入糖、鹽調味，加入藍莓果泥拌勻即可。

甜 香  鹹 酸

酸 香 鹹 甜

草莓奶油乳酪醬

使用法：抹、沾

材 料 奶油乳酪 1/2 杯、鮮奶油 1/2 杯、草莓果泥 1/4 杯、糖 1 大匙、鹽 1/2 小匙（1 杯 = 240cc）

作 法 奶油乳酪加鮮奶油用打蛋器拌勻並且過篩，加入糖、鹽調味，加入草莓果泥拌勻即可。

香  鹹

奶油蒜味抹醬

使用法：抹、沾

材 料 奶油 1 杯、蒜頭 1/4 杯、鹽 1/2 小匙、胡椒 1/4 小匙（1 杯 = 240cc）

作 法 所有材料放入食物調理機打勻即可。

法式薄片

材　料　法國長棍麵包 3 片

作　法

1. 將烤箱預熱。
2. 法國長棍麵包片放入烤箱烤熱，即可搭配喜歡的醬料一起享用。

〈沾醬〉

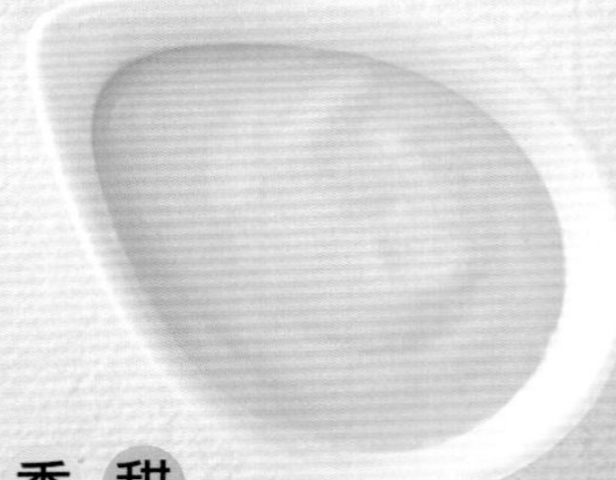

香 甜

酪梨奶油乳酪醬

使用法：沾

材　料 奶油乳酪 1/2 杯、鮮奶油 1/2 杯、酪梨醬 1/4 杯、糖 1 大匙、鹽 1/2 小匙（1 杯＝240cc）

作　法 奶油乳酪加鮮奶油用打蛋器拌勻並且過篩，加入糖、鹽及酪梨醬拌勻即可。

香 甜

杏桃果泥乳酪醬

使用法：沾

材　料 奶油乳酪 1/2 杯 鮮奶油 1/2 杯、杏桃果泥 1/4 杯、糖 1 大匙、鹽 1/2 大匙（1 杯＝240cc）

作　法 奶油乳酪加鮮奶油用打蛋器拌勻並且過篩，加入糖、鹽及杏桃果泥拌勻即可。

細香蔥乳酪醬

使用法：沾

香 甜

材 料 奶油乳酪 1/2 杯、鮮奶油 1/2 杯、細香蔥 1/4 杯、糖 1 大匙、鹽 1/2 小匙（1 杯＝240cc）

作 法 細香蔥切碎；奶油乳酪加鮮奶油細香蔥一起攪拌均勻即可。

百香果乳酪醬

酸 甜

使用法：沾

材 料 奶油乳酪 1/2 杯、鮮奶油 1/2 杯、百香果果泥 1/4 杯、糖 1 大匙、鹽 1/2 大匙（1 杯＝240cc）

作 法 奶油乳酪加鮮奶油用打蛋器拌勻並且過篩，加入糖、鹽及百香果果泥攪拌均勻即可。

覆盆子優格醬汁

使用法：沾

酸 甜

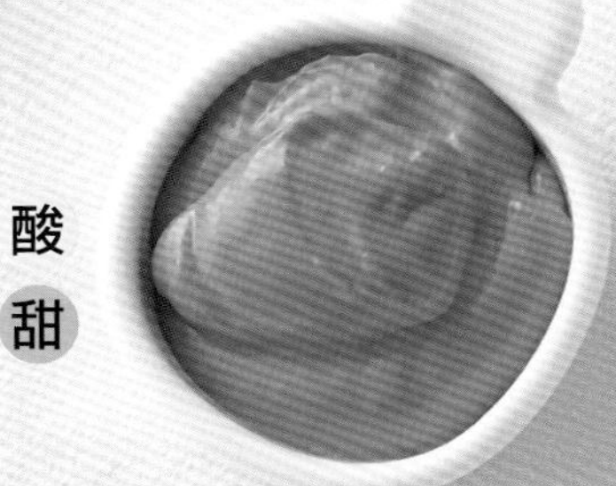

材 料 覆盆子果泥 1/4 杯、優格 1 杯、鹽 1/4 小匙（1 杯＝240cc）

作 法 將所有材料拌勻即可。

香橙乳酪醬

酸 甜

使用法：沾

材 料 奶油乳酪 1/2 杯、鮮奶油 1/2 杯、柑橘果泥 1/4 杯、糖 1 大匙、鹽 1/2 小匙（1 杯＝240cc）

作 法 奶油乳酪加鮮奶油用打蛋器拌勻並且過篩，加入糖、鹽及柑橘果泥即可。

水餃

材　料　水餃15個、鹽1大匙、玄米油1大匙

作　法　鍋內放入2公升的清水，中火將水燒開，放入鹽、油與水餃。充分拌開，等待再次沸騰後加冷水1杯，如此重複2次，再次沸騰後撈出瀝乾盛盤，即可搭配喜歡的沾醬食用。

〈沾醬〉

鹹 辣

味噌鳳梨海山醬　使用法：沾

材　料　鹹鳳梨20克、薑末1小匙、味噌2小匙

調味料　番茄醬、味醂、糖各1大匙；BB辣醬、水果醋各1小匙

作　法　全部材料放入碗中，大火蒸5分鐘，取出後與調味料拌勻即可。

蒜味油膏沾醬

使用法：沾

鹹 香

材　料　蒜末1大匙、蒜酥1小匙

調味料　醬油膏、素蠔油各1大匙；糖、蒜油各1小匙

作　法　所有材料與調味料攪拌均勻即可。

川味紅油沾醬

使用法：沾

材　料　蔥花1大匙、辣椒末1小匙

調味料　郫縣豆瓣、海鮮醬各1大匙；辣油2大匙、白胡椒粉1小匙、花椒油1/4小匙

作　法　所有材料、調味料一起拌勻即可。

腐乳番茄沾醬

使用法：沾

鹹 辣

材　料　辣豆腐乳1塊

調味料　番茄醬2大匙、魚露1大匙、香油2小匙、果糖1小匙

作　法　所有材料與調味料攪拌均勻即可。

辣味沾醬

使用法：沾

鹹 辣

材　料　辣椒碎、蒜末各1小匙

調味料　醬油、素蠔油、糯米醋各1大匙；烏醋、香油各1小匙

作　法　所有材料與調味料攪拌均勻即可。

鍋貼

材　料　鍋貼 15 個

作　法

1. 平底鍋燒熱，加入油 2 大匙潤鍋，放入鍋貼排放整齊。
2. 加入清水至鍋貼一半高度，蓋上鍋蓋，中火煎至水分收乾。
3. 打開鍋蓋後續煎至底部金黃酥脆，即可盛盤，搭配喜歡的沾醬一起享用。

鹹辣

越泰沾醬　使用法：沾

材　料 紅蔥頭末、蒜末、辣椒末各 1 小匙；檸檬汁 1/4 小匙

調味料 魚露 1 大匙、椰糖 1 小匙、蒜油 1/4 小匙

作　法 所有材料與調味料攪拌均勻即可。

鹹香

韭菜花沾醬　使用法：沾

材　料 韭菜花 100 克、薑末 1 大匙

調味料 醬油 3 大匙；味醂、香油各 2 小匙

作　法 韭菜花洗淨晾乾，撒鹽醃漬 30 分鐘後，洗淨、切末。將所有材料拌勻後封保鮮膜，放冰箱靜置 3 小時即可當作沾醬享用。

鹹香

香椿沾醬　使用法：沾

材　料 香椿醬 1/4 杯、醬油 1/2 杯、薑泥 2 小匙、糖 1 小匙

作　法 所有材料拌勻即可當作沾醬享用。

鹹鮮

香蒜烏魚子沾醬　使用法：沾

材　料 烏魚子 1 片（事先用高粱酒 80 克泡一夜，去除薄膜剝小塊）、蒜碎 20 克、薑泥 10 克；香油、鹽、醬油各 1 大匙；冰糖 2 大匙；開陽油蔥酥各適量

作　法 熱鍋倒油，加薑蒜炒香，加開陽炒香，加烏魚子和泡完的高粱、油蔥酥、冰糖、鹽搗碎炒香，加香油、醬油拌勻即可搭配水餃或鍋貼享用。

CHAPTER 2

換·個·醬·料

就能讓餐桌每道料理有滋有味！

—— 做出風味無限的吮指滋味 ——

鍋物湯底篇

〈沾醬〉

鹹 香

腐乳沾醬

使用法：沾

材 料 腐乳 2 塊、芝麻醬 1 大匙、香油 2 小匙、熱水 1/2 杯

調味料 糖 2 小匙

作 法 所有材料與調味料拌勻即完成。

鹹 香

蒜味沙茶沾醬

使用法：沾

材 料 沙茶醬 1/2 杯、蔥花 1 大匙、蒜泥 2 小匙、花生碎 2 小匙

調味料 糖 2 小匙、醬油 1 大匙

作 法 所有材料與調味料拌勻即可用作沾醬享用。

辣 鹹

鮮鱻醬

使用法：沾

材 料 辣椒末 1 大匙、芹菜末 1 大匙

調味料 蠔油 2 大匙、蝦油 1 大匙、糖 1 小匙、辣油 1 小匙、蒜油 1 小匙

作 法 所有材料與調味料攪拌均勻即可。

鹹 鮮

美味醬

使用法：沾

材 料 洋蔥末 1 小匙

調味料 海鮮醬 2 大匙、糖 1 小匙、蔥油 1 小匙、味醂 1 大匙

作 法 所有材料與調味料攪拌均勻即可。

鹹 香

韓國味噌醬

使用法：沾

材 料 韓國味噌 1 大匙、香菜、芹菜各 1 小匙

調味料 烤肉醬 1 大匙、味醂 1 大匙、香油 1 小匙

作 法 所有材料與調味料攪拌均勻即可。

芝麻醬

使用法：沾

材　料 白芝麻 1 大匙、花生粉 1 小匙

調味料 芝麻醬 2 大匙、味醂 3 大匙、糖 1 小匙、辣椒粉 1 小匙、香油 1 小匙

作　法 所有材料與調味料攪拌均勻即可。

藤椒豆豉醬

使用法：沾

材　料 花椒粉 1 小匙、香油 2 大匙、醬油 1/4 杯、蔥末 2 小匙、豆豉 1 大匙、蒜末 2 小匙

調味料 鹽 2 小匙、烏醋 2 小匙

作　法 豆豉用少許香油煸香，所有材料與調味料拌勻即可。

鹹 甜

蒜味蒜酥醬

使用法：沾

材　料 蒜末 1 大匙、蒜酥 1 大匙

調味料 蒸魚醬油 2 大匙、糖 1 小匙、蒜油 1 小匙

作　法 所有材料與調味料攪拌均勻即可。

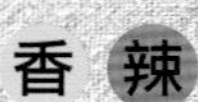

辣椒香辣醬

使用法：沾

材　料 辣椒油 2 大匙、花椒粉 1 小匙、熟花生碎 2 大匙、熟白芝麻碎 1 大匙

調味料 胡椒鹽 1 小匙

作　法 所有材料與調味料拌勻即完成。

鹹 甜 酸

檸檬海鮮沾醬

使用法：沾

材　料 洋蔥末、蔥末 1 大匙、香油 2 小匙

調味料 檸檬汁 1/4 杯、黑胡椒粉 1 小匙、烏醋 1 大匙、醬油 1 大匙、蜂蜜 2 小匙

作　法 所有材料與調味拌勻即可。

鹹 甜

柴魚極鮮醬 使用法：沾

材 料 柴魚片 15 克；麥芽糖、醬油、味醂、米酒各 1 大匙；水 1 杯、糖 2 小匙、烏醋、芝麻各 1 小匙

作 法 先將水燒開加入柴魚片泡 15 分鐘後過濾，把柴魚高湯與其他材料入鍋小火煮 5 分鐘即可。

鹹 香

萬用鹹麻香味沾醬

使用法：沾

材 料 蒜泥 1 大匙、辣椒末 1 小匙、蔥花 1 小匙、白芝麻 1 小匙、熱水 1/2 杯

調味料 糖 1 大匙、花椒油 1 大匙、香油 1 小匙、白醋 2 小匙、蠔油 2 大匙

作 法 所有材料與調味料拌勻 (除香油、花椒油) 放在一小碗中。花椒油加香油燒熱沖入碗中即可。

鹹 辣

朝天椒爆辣醬

使用法：沾

材 料 辣椒末 2 大匙、蒜末 1 大匙

調味料 郫縣豆瓣 1 大匙、朝天椒粉 1 小匙、蠔油 1 大匙、糖 1 小匙、鎮江醋 1 大匙、辣油 1 大匙、花椒油 1/2 小匙

作 法 所有材料與調味料攪拌均勻即可。

鹹 酸 辣

泰爽醬

使用法：沾

材 料 蒜末 1 小匙、香菜末 1 小匙、檸檬汁 2 小匙

調味料 魚露 1 大匙、冬蔭功醬 1 小匙、糖 1 小匙、辣油 1 小匙

作 法 所有材料與調味料攪拌均勻即可。

鹹 香

白芝麻鹹香醬

使用法：沾

材 料 白芝麻 1/4 杯、香油 2 小匙、熱水 1/2 杯、芝麻醬 1/4 杯、腐乳 1 塊；香菜末、蒜末、蔥末各 1 小匙

調味料 糖 1 小匙、鹽 1/4 小匙

作 法 所有材料拌勻即可用作沾醬享用。

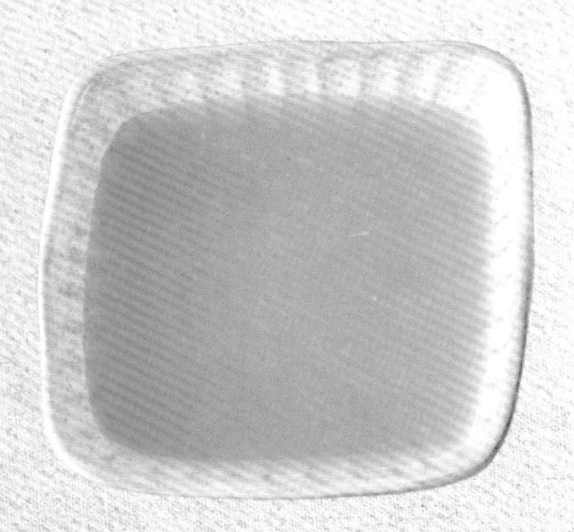

鹹 甜

金桔醬油膏沾醬

使用法：沾

材　料 蒜末 1 小匙、薑末 1 小匙

調味料 金桔醬 1 大匙、醬油膏 1 小匙、甜辣醬 1 小匙、糖 1 小匙

作　法 將材料跟調味料攪拌均勻即可。

鹹 酸

柚子薑末沾醬

使用法：沾

材　料 薑末 1 小匙、蔥花 1 小匙

調味料 柚子醬 1 大匙、醬油 1 小匙、糖 1 小匙、白醋 2 小匙

作　法 將材料跟調味料攪拌均勻即可。

鹹 酸

洋蔥芥末沾醬

使用法：沾

材　料 洋蔥末 1 小匙、熟白芝麻 1 小匙

調味料 柴魚醬油 2 大匙、味醂 1 大匙、檸檬汁 1 大匙、芥末籽醬 2 小匙、白醋 1 小匙

作　法 將材料跟調味料攪拌均勻即可。

鹹 香

柴魚芝麻沾醬

使用法：沾

材　料 柴魚片碎 20 克、熟白芝麻 1 小匙

調味料 水 1 大杯、醬油 1 大匙、味醂 1 大匙、糖 2 小匙

作　法 將調味料煮滾後，再加入柴魚片跟白芝麻，靜置 10 分鐘後即可。

雞高湯底

材　料　雞脖子 1 公斤、雞骨 1 公斤、洋蔥半個、紅蘿蔔半根、西芹 100 克、月桂葉 2 片、白胡椒粒 1 克

作　法

1. 雞脖子、雞骨清洗乾淨，放入湯鍋中，加入清水至蓋過。
2. 開中火煮滾，煮至表面無血色，撈起洗去表面浮沫。
3. 湯鍋加入 4 公升清水，加入剩餘材料，大火煮滾。
4. 放入雞脖子、雞骨，加蓋小火煮 2 小時後關火。
5. 用細篩網或紗布過濾後即可加入醬料成為鍋底。

鹹 辣 香

叻砂鍋

使用法：鍋底

材　料　蝦米 50 克、紅辣椒 5 支、紅蔥頭 1 大匙、蒜頭 1 大匙、香茅 2 支、南薑 10 克、薑黃粉 1 小匙、蝦醬 1 小匙、雞高湯 2 公升

調味料　椰漿 2 杯、鹽 2 小匙、魚露 1 大匙、檸檬汁 1 大匙、雞高湯 1 公升（1 杯＝ 240cc）

作　法　將材料煮滾後放涼，用果汁機打碎後，再加入調味料一起煮滾即可。

酸甜 番茄洋蔥醬

使用法：鍋底

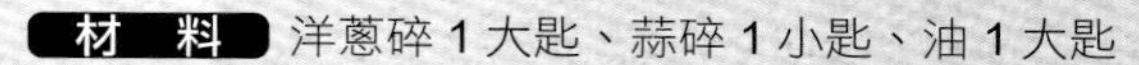

材料 洋蔥碎 1 大匙、蒜碎 1 小匙、油 1 大匙

調味料 番茄醬 2 大匙、水 1/2 杯、糖 2 小匙、檸檬汁 1 小匙、鹽 1/4 匙（1 杯＝240cc）

作法 用油將材料爆香後，再加入調味料煮滾即可。

酸辣 雞油麻辣醬

使用法：鍋底

材料 辣椒末 2 大匙、蒜末 1 大匙

調味料 雞油、辣油各 1/2 杯、郫縣豆瓣 1 杯；朝天椒粉、蠔油、糖各 1 大匙；白醋 2 大匙、花椒油 2 小匙（1 杯＝240cc）

作法 雞油加熱炒香所有材料與調味料，攪拌均勻即可。

鹹辣 泰式酸辣鍋醬

使用法：鍋底

材料 檸檬葉 3 片、南薑 100 克、香茅 3 支、泰國椒 8 支、洋蔥 1 顆、西芹 1 支、蒜頭 10 顆、牛番茄 3 顆、雞高湯 3 公升

調味料 魚露、辣油、糖各 1 大匙；紅咖哩、白醋各 2 大匙、鹽 2 小匙

作法 先將材料煮 20 分鐘後過濾，再將調味料全部加入即完成。

鹹香 茄汁蝦油醬

使用法：鍋底

材料 切角番茄罐頭 2 杯、番茄糊 2 大匙、蔥花 3 大匙、蒜末 3 大匙（1 杯＝240cc）

調味料 番茄醬 3 大匙、蝦油 1/2 杯、糖 2 大匙、蔥油 2 大匙

作法 所有材料與調味料攪拌均勻即可。

鹹 辣

酸菜魚醬

使用法：鍋底

材　料 酸菜段 100 克、酸豇豆丁 50 克、泡椒末 1 大匙、蒜末 1 大匙

調味料 雞油 1 大匙、糯米醋 3 大匙、花椒油 1 大匙、糖 1 大匙、白胡椒粉 1 大匙

作　法 雞油炒香所有材料，加入調味料攪拌均勻即可。

鹹 鮮

昆布柴魚

使用法：鍋底

材　料 昆布 60 公分、柴魚片 30 克

作　法 昆布泡入剛煮滾的高湯，15 分鐘後取出，加入柴魚片用小火煮至微滾後再煮 3 分鐘，過濾出來即可。

魚高湯底

材　料 魚骨 2 公斤、洋蔥 1/2 個、紅蘿蔔 1/2 根、西芹 200 克、薑 50 克、白胡椒粒 1 克、月桂葉 4 片

調味料 米酒 1/2 杯

作　法

1. 去除魚骨上的血膜後清洗乾淨，用滾水水燙成白色撈起沖涼後瀝乾。
2. 湯鍋加入 3.5 公升清水，加入剩餘材料，大火煮滾。
3. 放入魚骨、米酒，小火微滾煮 1 小時後關火。
4. 用細篩網或紗布過濾後即可加入醬料成為鍋底。

海鮮高湯底

材　料　蝦殼500克、魚頭或魚骨1公斤、蛤蜊300克、蝦米10克、小魚乾20克、乾瑤柱10克、洋蔥1/2個、紅蘿蔔1/2根、薑50克、白胡椒粒1克、柴魚片30克

作　法

1. 蝦殼、魚頭或魚骨、小魚乾皆乾煎或烤過至金黃色。
2. 蛤蜊吐沙，蝦米、乾干貝清洗乾淨。
3. 湯鍋加入3.5公升清水，加入除了柴魚片的所有材料，大火煮滾。
4. 小火微滾煮1小時後關火，放入柴魚片靜置3分鐘。
5. 用細篩網或紗布過濾後即可加入醬料成為鍋底。

香 辣

四川麻辣煮醬

使用法：鍋底

材　料　花椒粒、沙拉油各2大匙；八角3顆、薑片7片、蔥2支、蒜仁5顆、辣椒4條

調味料　醬油1.5大匙、豆瓣醬1大匙、糖2小匙、鹽2小匙

作　法　熱鍋燒油小火炒香花椒、八角、薑片、辣椒、蔥、蒜仁，加入豆瓣醬炒香後加入高湯、調味料煮滾，轉中火續煮30分鐘即可當作湯底使用。

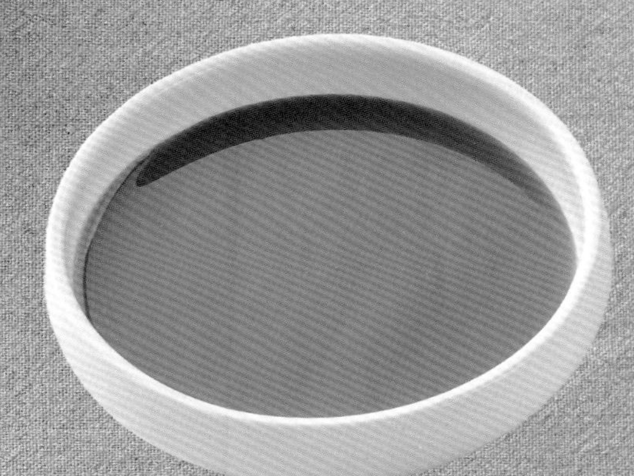

酸 辣 鮮

泰式冬陰功煮醬

使用法：鍋底

材　料　冬陰功醬2大匙、椰漿3大匙、沙拉油1大匙

調味料　魚露1大匙、糖1小匙、檸檬汁1大匙

作　法　熱鍋燒油炒香椰漿、冬陰功醬，加入高湯、魚露與糖煮滾，最後加入檸檬汁即可當作鍋底使用。

蔬菜高湯底

材　料　乾香菇20克、高麗菜500克、紅蘿蔔1/2根、白蘿蔔1/4根、西芹200克、玉米1根、黃豆芽1公斤、昆布100克、番茄1個、茴香頭50克、月桂葉2片

作　法

1. 乾香菇冷水泡發2小時後洗淨，昆布擦乾淨泡水，其他切塊。
2. 湯鍋加入3.5公升清水，加入所有材料，大火煮滾，不須加蓋。
3. 關小火微滾煮1小時後關火。
4. 用細篩網或紗布過濾後即可加入醬料成為鍋底。

壽喜燒煮醬

鹹　甜

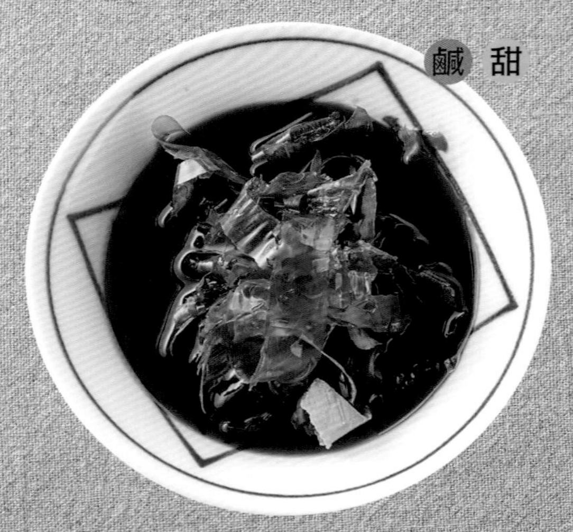

使用法：鍋底

材　料　柴魚20克

調味料　醬油1杯、素蠔油1大匙、冰糖1大匙、水果醋1小匙、糖色2大匙

作　法　所有材料與調味料攪拌均勻即可。

泰式蔬菜煮醬

香　鮮

使用法：鍋底

材　料　紅蘿蔔500克、番茄3顆、金針菇1顆、蘑菇150克、椰奶5大匙、香茅2支、檸檬葉10克、辣椒粉2大匙

調味料　檸檬汁5大匙

作　法　蔬菜料和其餘材料切塊加入高湯中，所有材料煮滾即可。

製作牛骨肉汁與應用

材　料

牛骨 45 公斤、牛臂肉 2 公斤、洋蔥塊 450 公克、西芹塊 225 公克、紅蘿蔔塊 225 公克、牛高湯 10 公升 (作法見下方)、月桂葉 1 片、百里香 2 公克、胡椒粒 2 公克、紅酒 800cc

作　法

1. 烤箱預熱到 200°C。以 200°C 將牛骨烤至金黃，牛臂肉表面以平底鍋煎至金黃色。
2. 洋蔥、西芹、紅蘿蔔炒至微焦，加入番茄糊小火慢炒，再加入牛骨頭、牛臂肉、月桂葉、百里香、胡椒粒，倒入牛高湯小火熬煮 8 小時，隨時撈起表面浮油及渣滓，再倒入煮濃縮至一半的紅酒，煮完過濾、隔冰冷卻。

牛骨高湯

材　料 鋸好的牛骨 4.5 公斤、冷水 9000cc、洋蔥 450 公克、西芹 225 公克、紅蘿蔔 225 公克、月桂葉 4 片、百里香 6 公克、胡椒粒 6 公克

作　法

1. 先將牛骨頭以冷水清洗備用。
2. 將洗好的骨頭放入煮滾的滾水中，汆燙約 5 分鐘，將骨頭撈起並以冷水清洗乾淨。
3. 燙好的骨頭放入鍋中，注入冷水後加入所有的材料，以大火煮滾，轉小火煮 5 小時，期間要不定期的使用細目撈網去除表面渣滓。
4. 熄火後使用細目篩網，過濾高湯，等冷卻後放入冰箱保存即可。

鹹 香

胡椒蘑菇奶油醬

使用法：沾

材　料 胡椒粉、無鹽奶油、洋蔥、紅蔥頭、蒜頭各 1 小匙；牛骨肉汁 2 杯、鹽 1/4 小匙、洋菇 2 小匙

作　法 洋菇、洋蔥、紅蔥頭、蒜頭切碎，加入少許油炒香，加入胡椒粉拌勻備用。將炒料與奶油用打蛋器拌勻。牛骨肉汁以小火加熱濃縮至剩下 1/2 的量，關火加入與奶油拌勻的材料並調味即可。

鹹 香

伏特加鮮蝦醬汁

使用法：沾

材　料 牛骨肉汁 1 杯、蝦肉丁、番茄丁各 2 小匙、伏特加 4 小匙、奶油 1 小匙、 鹽 1 小匙

作　法 鍋子熱油煎蝦肉，再加牛骨肉汁、番茄丁煮滾 15 分鐘，加入伏特加，待醬汁濃稠時，加入奶油乳化，並且調味即可。

洋蔥肉汁

使用法：沾

材　料 牛骨肉汁 1 杯、洋蔥 1/4 杯、蘑菇片 1/2 杯、鹽 1 小匙（1 杯＝ 240cc）

作　法 洋蔥切碎。熱鍋下油炒洋蔥，加入牛骨肉汁、蘑菇片、黑胡椒煮至縮稠並調味即完成。

鹹 香

松露醬汁

使用法：沾

材　料 牛骨肉汁 1 杯、松露醬 1 小匙、松露油 1/2 小匙、黑胡椒 1 小匙、鹽 1 小匙（1 杯＝ 240cc）

作　法 鍋中加入牛骨肉汁、黑胡椒、松露醬煮至縮稠，起鍋加入松露油、鹽調味即完成。

鹹 香

松露蘑菇肉汁

使用法：沾

材　料 牛骨肉汁 1 杯、蘑菇片 1/2 杯、松露醬 1 小匙、松露油 1/2 小匙、黑胡椒 1 小匙、鹽 1 小匙（1 杯＝ 240cc）

作　法 熱鍋下油煎蘑菇片，加入牛骨肉汁、黑胡椒、松露醬煮至縮稠，起鍋加入松露油、鹽調味即完成。

鹹 香

威士忌醬汁

使用法：沾

材　料 牛骨肉汁 1 杯、威士忌 4 小匙、蘑菇 2 小匙、洋蔥碎 6 小匙、奶油 1 小匙、黑胡椒 1 小匙、鹽 1 小匙（1 杯＝ 240cc）

作　法 蘑菇切片，洋蔥切碎。熱鍋下油炒蘑菇片，放入洋蔥炒香加入威士忌，倒入牛骨肉汁煮滾 15 分鐘待醬汁濃稠時，加入奶油乳化，加入黑胡椒、鹽拌勻即可。

鹹 香

西班牙臘腸醬汁

使用法：沾

材　料 牛骨肉汁 1 杯、西班牙臘腸 1/4 杯；奶油、黑胡椒、鹽各 1 小匙（1 杯＝ 240cc）

作　法 西班牙臘腸切片，下鍋熱油煎一下，放入牛骨肉汁煮滾縮稠，再加入奶油乳化後加入黑胡椒、鹽調味即完成。

鹹 香

蘑菇肉汁

使用法：沾

材 料 切角番茄 50 克、牛骨肉汁 1 杯、蘑菇片 1/2 杯、奶油 1 小匙、黑胡椒 1 小匙、鹽 1 小匙（1 杯＝ 240cc）

作 法 將蘑菇切片，熱鍋下油煎蘑菇片及切角番茄至上色後加入牛骨肉汁、黑胡椒縮稠，加入奶油並且調味即可使用。

小麥啤酒醬汁 使用法：沾

鹹 香

材 料 牛骨肉汁 1 杯、小麥啤酒 1/4 杯；蘑菇片、洋蔥碎各 6 小匙；奶油、鹽、黑胡椒各 1 小匙（1 杯＝ 240cc）

作 法 熱鍋下油炒蘑菇片，再放入洋蔥炒香，加入小麥啤酒、牛骨肉汁煮滾 15 分鐘，待醬汁濃稠時，加入奶油乳化，並調味即完成。

鹹 香

牛肝菌菇奶油醬

使用法：沾

材 料 牛肝菌菇粉、無鹽奶油、洋蔥、紅蔥頭、蒜頭各 1 小匙；牛骨肉汁 2 杯、鹽 & 胡椒 1/4 小匙（1 杯＝ 240cc）

作 法 洋蔥、紅蔥頭、蒜頭切碎後炒香，加入牛肝菌菇粉拌勻，再與奶油用打蛋器拌勻。牛骨肉汁用小火煮到濃縮至剩下 1/2 的量，關火加入與奶油拌勻的炒料並調味即可。

紅椒奶油醬 使用法：沾

鹹 香

材 料 紅椒粉 1 小匙、無鹽奶油 1 小匙、牛骨肉汁 2 杯；鹽、胡椒各 1/4 小匙（1 杯＝ 240cc）

作 法 紅椒粉與奶油用打蛋器攪拌均勻；牛骨肉汁用小火煮到濃縮至剩下 1/2 的量，關火加入紅椒奶油並調味即可。

鹹 香

獵人醬汁

使用法：沾

材 料 牛骨肉汁 1 杯、蘑菇片 1 大匙、奶油 5 小匙、青蔥碎 2 小匙、白酒 1/2 杯、白蘭地 2 小匙、巴西里碎 1/2 小匙、鹽 1 小匙（1 杯＝ 240cc）

作 法 熱鍋加入奶油，接著加入蘑菇拌炒至金黃，再加入青蔥拌炒均勻，將白酒及白蘭地倒入鍋中，以中火將酒濃縮剩下一半，再加入肉汁煮 20 分鐘左右到需要的濃稠度，關火加入巴西里碎並且以鹽調味即可。

鹹 香

西班牙醬汁

使用法：沾

材 料 牛骨高湯 1 杯；紅蘿蔔、西芹、洋蔥各 1/4 杯；月桂葉、百里香、褐色麵糊各 1 小匙；鹽 1 小匙（1 杯＝ 240cc）

作 法 在鍋子內加入橄欖油燒熱，加入洋蔥炒香，再加入西芹及紅蘿蔔炒至金黃，接著加入牛骨高湯、褐色麵糊攪拌均勻，加入香料煮滾後轉小火，煮至醬汁剩下一半，用篩網過濾出醬汁再煮成需要的濃稠度並且調味即可。

鹹 香

蘑菇牛骨白酒醬汁

使用法：沾

材 料 牛骨肉汁 1 杯、蘑菇片 1/2 杯、奶油 5 小匙、白酒 1/2 杯、白蘭地 2 小匙、巴西里碎 1/2 小匙、鹽 1 小匙（1 杯＝ 240cc）

作 法 巴西里切碎；熱鍋加入奶油，接著加入洋菇拌炒至金黃，再加入青蔥拌炒均勻，將白酒及白蘭地倒入鍋中，以中火將酒濃縮剩下一半，再加入肉汁煮 20 分鐘左右到需要的濃稠度，關火加入巴西里碎並且調味即可。

鹹 香

蘑菇肉汁

使用法：沾

材 料 牛骨肉汁 1 杯、蘑菇片 1/2 杯、奶油 1 小匙、黑胡椒 1 小匙、鹽 1 小匙（1 杯＝ 240cc）

作 法 將蘑菇切片，熱鍋下油煎蘑菇片至上色後加入牛骨肉汁、黑胡椒縮稠，加入奶油並且調味即可使用。

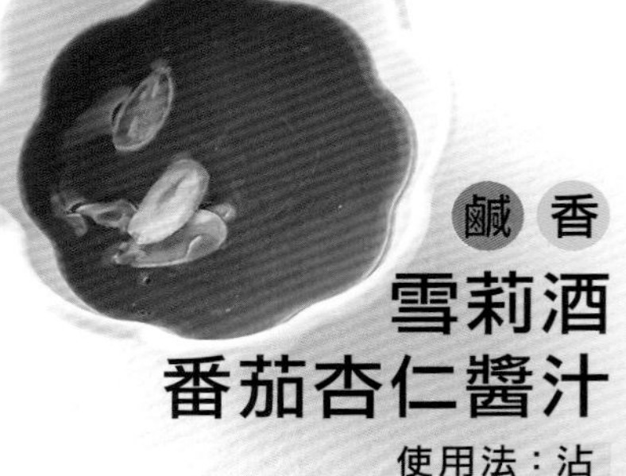

鹹 香

雪莉酒番茄杏仁醬汁

使用法：沾

材 料 牛骨肉汁 1 杯、雪莉酒 4 小匙、番茄 1/4 杯；蒜頭、洋蔥、杏仁片各 1 小匙；橄欖油 3 小匙（1 杯＝ 240cc）

作 法 番茄烤後去皮、杏仁煎香、蒜頭去蒂頭。將牛骨肉汁煮滾縮稠。把番茄、杏仁、洋蔥、蒜頭、雪莉酒、牛骨肉汁放進果汁機打勻，慢慢加入橄欖油拌勻即可。

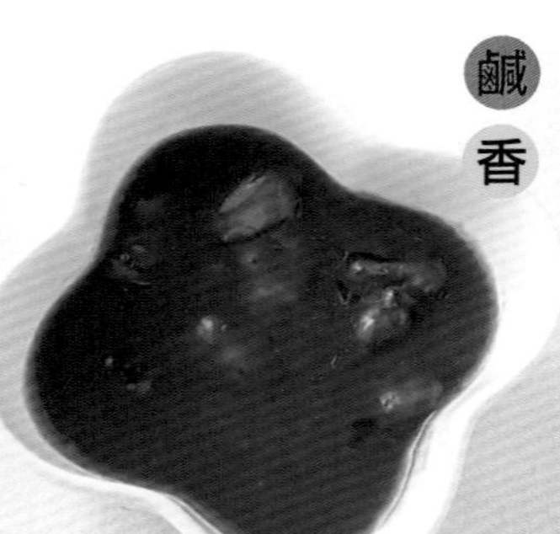

鹹 香

花椒醬汁

使用法：沾

材 料 牛骨肉汁 1 杯；草菇片 1 大匙；花椒、奶油、黑胡椒、鹽各 1 小匙（1 杯＝ 240cc）

作 法 牛骨肉汁加入草菇片、花椒煮至縮稠後過濾，加入奶油並調味即完成。

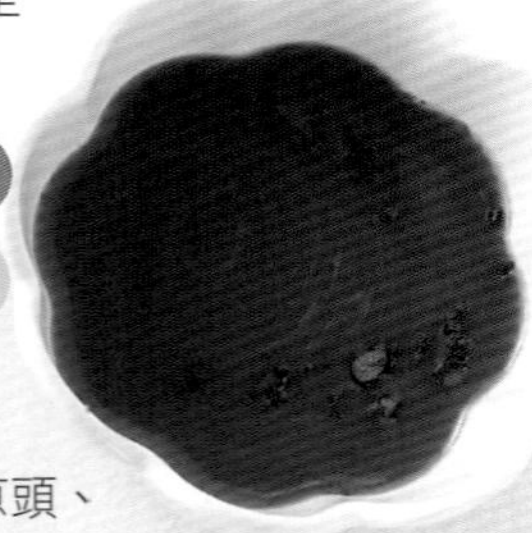

鹹 香

馬德拉酒醬

使用法：沾

材 料 牛骨高湯、馬拉德酒各 1 杯；紅蔥頭、蒜頭、奶油、鹽、黑胡椒各 1 小匙（1 杯＝ 240cc）

作 法 蒜頭、紅蔥頭切碎；將馬德拉酒小火煮 10-15 分鐘，讓酒精揮發。將紅蔥頭、蒜頭放入牛骨高湯煮滾，加入濃縮後的馬德拉酒、奶油拌勻並調味即完成。

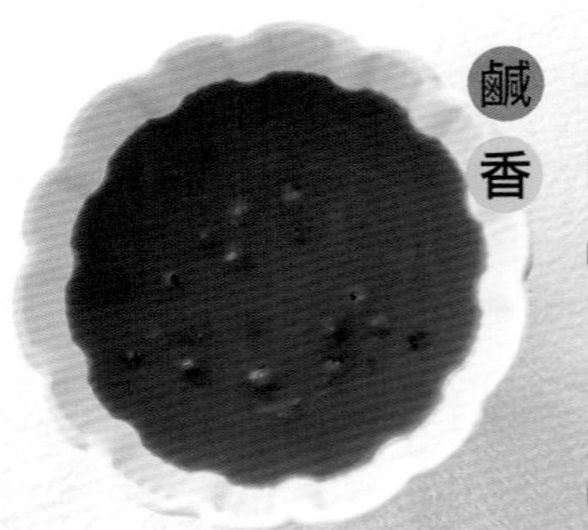

鹹 香

綠胡椒醬汁

使用法：沾

材 料 牛骨肉汁 1 杯、綠胡椒 1/4 杯、白蘭地 1 小匙、鹽 1 小匙（1 杯＝ 240cc）

作 法 乾炒綠胡椒，炒出水分嗆白蘭地，用鹽加入牛骨肉汁熬煮縮稠後過濾調味即完成

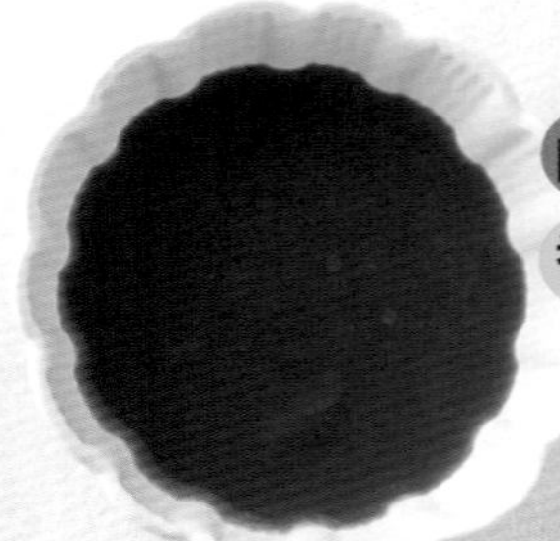

鹹 香

紅酒醬

使用法：沾

材 料 紅酒 2 杯、牛骨肉汁 2 杯、鹽 1/2 小匙（1 杯＝ 240cc）

作 法 將紅酒煮濃縮成一半的量，加入牛骨肉汁濃縮後調味即完成。

製作豬骨肉汁與應用

材　料　豬骨 1.5 公斤、洋蔥塊 150 公克、西芹 75 公克、紅蘿蔔 75 公克、豬番茄糊 75 公克、月桂葉 1 片、百里香 2 公克、胡椒粒 2 公克、紅酒 600cc

作　法
1. 烤箱預熱到 200°C。以 200°C 將豬骨烤至金黃，洋蔥、西芹、紅蘿蔔炒至微焦後加入番茄糊慢炒，再加入豬骨頭、月桂葉、百里香、胡椒粒炒勻，倒入豬高湯小火熬煮 6 小時，並隨時將浮油及渣滓撈除。
2. 紅酒煮到濃縮至 1/2，加入作法 1，煮完過濾，隔水冷卻即完成。

豬骨高湯

材　料　豬骨 1.5 公斤、冷水 4500cc、洋蔥 150 公克、西芹 75 公克、紅蘿蔔 75 公克、月桂葉 2 片、百里香 3 公克、胡椒粒 3 公克

作　法
1. 先將豬骨頭切成 8-10cm 長，以冷水清洗乾淨後備用。
2. 將洗好的骨頭放入煮滾的滾水中，汆燙約 5 分鐘，將骨頭撈起並以冷水清洗乾淨。
3. 把燙好的骨頭放入鍋中，注入冷水，加入所有的食材以大火煮滾，轉小火煮 4 小時，期間要不定期的使用細目撈網去除表面浮渣。
4. 熄火後使用細目篩網，過濾高湯，等冷卻後放入冰箱保存即可。

鹹　香

白豆肉汁醬　使用法：沾

材　料　豬骨肉汁 1 杯、白豆 1/4 杯、奶油 1 小匙、鹽 1/2 杯（1 杯＝ 240cc）

作　法　白豆加入豬骨肉汁煮勻，加入奶油、鹽調味後即完成。

鹹　酸

櫻桃醬汁

使用法：沾

材　料　櫻桃 1 杯、紅酒 2 杯、紅酒醋 4 小匙、肉豆蔻 1/4 小匙、豬骨肉汁 1/2 杯、肉桂棒 1/4 小匙、糖 2 小匙（1 杯＝ 240cc）

作　法　櫻桃切小丁。把糖燒成焦糖加入櫻桃，接著加紅酒、肉、豆蔻、紅酒醋及肉桂棒濃縮至剩一半，最後加入豬骨肉汁煮 5 分鐘，過濾並且濃縮至適當濃稠度即完成。

製作雞骨肉汁與應用

(雞骨高湯、雞骨肉汁參考 P173)

甜椒奶油醬 使用法：沾

材 料 無鹽奶油 1 小匙、甜椒 1/4 杯、雞骨肉汁 2 杯；鹽、胡椒各 1/4 小匙（1 杯＝240cc）

作 法 甜椒去皮切碎後與奶油用打蛋器攪拌均勻備用。以小火濃縮至剩下 1/2 的量關火，加入甜椒奶油並調味即可。

番茄培根醬

使用法：沾

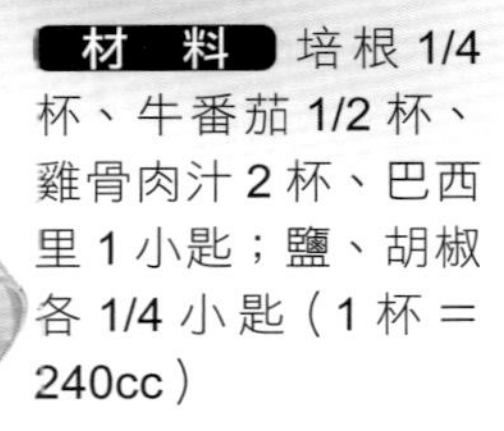

材 料 培根 1/4 杯、牛番茄 1/2 杯、雞骨肉汁 2 杯、巴西里 1 小匙；鹽、胡椒各 1/4 小匙（1 杯＝240cc）

作 法 培根切成小丁；牛番茄去皮去籽切成小丁；巴西里切碎。熱鍋下油將培根煎至金黃。雞骨肉汁與培根放入鍋中以小火濃縮，將醬汁縮至剩下 1/2 的量，關火加入巴西里及番茄並打均勻後調味即可。

鹹 香

芥末奶油醬 使用法：沾

材 料 芥末籽醬 1 小匙、無鹽奶油 1 小匙、雞骨肉汁 2 杯；鹽、胡椒各 1/4 小匙（1 杯＝240cc）

作 法 芥末籽與奶油用打蛋器攪拌均勻備用，雞骨肉汁以小火濃縮至剩下 1/2 的量，關火加入芥末奶油，加入鹽、胡椒調味即可。

鹹 香

青醬奶油醬 使用法：沾

材 料 青醬 1 小匙、無鹽奶油 1 小匙、雞骨肉汁 2 杯；鹽、胡椒各 1/4 小匙（1 杯＝240cc）

作 法 青醬與奶油用打蛋器攪拌均勻，雞骨肉汁以小火濃縮至剩下 1/2 的量，關火加入青醬奶油並調味即可。

酸黃瓜奶油醬

使用法：沾

鹹 香

材 料 無鹽奶油 1 小匙、酸黃瓜 1 小匙、雞骨肉汁 2 杯；鹽、胡椒各 1/4 小匙（1 杯＝240cc）

作 法 酸黃瓜切碎後與奶油用打蛋器攪拌均勻備用。雞骨肉汁以小火濃縮至剩下 1/2 的量，關火加入酸黃瓜奶油並調味即可。

菠菜奶油醬

使用法：沾

材 料 無鹽奶油 1 小匙、菠菜葉 1/4 杯、雞骨肉汁 2 杯；鹽、胡椒各 1/4 小匙（1 杯＝240cc）

作 法 菠菜葉燙過冰鎮切碎，與奶油用打蛋器攪拌均勻備用。雞骨肉汁以小火濃縮至剩下 1/2 的量，關火後加入菠菜奶油並調味即可。

鹹 香

番茄奶油醬 使用法：沾

鹹 香

材 料 無鹽奶油 1 小匙、牛番茄 1/4 杯、雞骨肉汁 2 杯；鹽、胡椒各 1/4 小匙（1 杯＝240cc）

作 法 牛番茄去皮切碎後與奶油用打蛋器攪拌均勻備用。雞骨肉汁以小火濃縮至剩下 1/2 的量，關火加入番茄奶油並調味即可。

培根蘑菇醬 使用法：沾

鹹 香

材 料 培根、蘑菇各 1/4 杯；雞骨肉汁 2 杯、巴西里 1 小匙；鹽、胡椒各 1/4 小匙（1 杯＝240cc）

作 法 培根切成小丁、蘑菇切片、巴西里切碎；熱鍋下油將培根及蘑菇煎至金黃。雞骨肉汁與培根及蘑菇放入鍋中，以小火將醬汁縮至剩下 1/2 的量，關火加入巴西里並調味即可。

普羅旺斯醬汁 使用法：沾

鹹 香

材 料 普羅旺斯香料粉 1/2 小匙、雞骨肉汁 2 杯、巴西里 1 小匙；鹽、胡椒各 1/4 小匙（1 杯＝240cc）

作 法 巴西里切碎備用。雞骨肉汁以小火濃縮至剩下 1/2 的量，關火加入巴西里碎及普羅旺斯香料並調味即可。

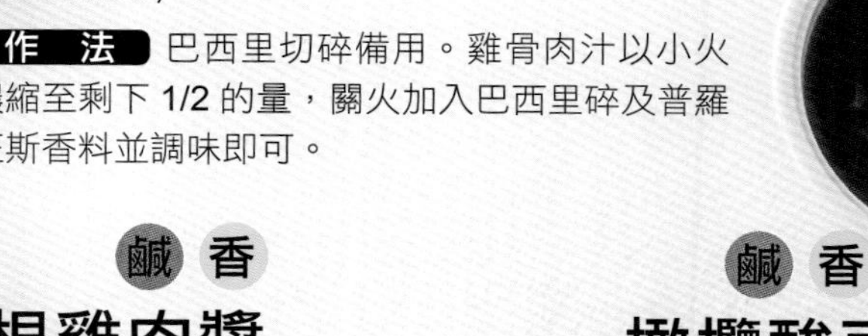

鹹 香

培根雞肉醬

使用法：沾

材 料 培根、雞胸肉各 1/4 杯；雞骨肉汁 2 杯、巴西里 1 小匙；鹽、胡椒各 1/4 小匙（1 杯＝240cc）

作 法 培根、雞肉切成小丁；巴西里切碎。熱鍋下油將培根及雞肉煎至金黃。雞骨肉汁與培根及雞肉放入鍋中，以小火將醬汁濃縮至剩下 1/2 的量，關火加入巴西里並調味即可。

鹹 香

橄欖酸豆醬

使用法：沾

材 料 黑橄欖、酸豆各 1 小匙；雞骨肉汁 2 杯；鹽、胡椒各 1/4 小匙（1 杯＝240cc）

作 法 黑橄欖切片。雞骨肉汁、橄欖及酸豆放入鍋中，以小火將醬汁濃縮至剩下 1/2 的量，關火並調味即可。

台灣廣廈國際出版集團
Taiwan Mansion International Group

國家圖書館出版品預行編目（CIP）資料

主廚級黃金比例調醬祕技全圖解：110種食材運用×740種醬料作法！從海鮮、肉類、蔬菜到米飯麵食，家常料理全解構！大廚不外傳的一菜多吃萬用調味法！/開平青年發展基金會著. -- 初版. -- 新北市：台灣廣廈, 2023.12
面； 公分.
ISBN 978-986-130-603-2（平裝）
1.CST: 調味品 2.CST: 食譜

427.61 112016319

主廚級黃金比例調醬祕技全圖解

110種食材運用×740種醬料作法！從海鮮、肉類、蔬菜到米飯麵食，家常料理全解構，大廚不外傳的一菜多吃萬用調味法！

作　　者／開平青年發展基金會
攝　　影／Hand in Hand Photodesign
璞真奕睿影像
編輯中心編輯長／張秀環
封面設計／何偉凱・**內頁排版**／菩薩蠻數位文化有限公司
製版・印刷・裝訂／東豪・弼聖・秉成

行企研發中心總監／陳冠蒨
媒體公關組／陳柔彣
綜合業務組／何欣穎
線上學習中心總監／陳冠蒨
產品企製組／顏佑婷、江季珊、張哲剛

發 行 人／江媛珍
法律顧問／第一國際法律事務所 余淑杏律師・北辰著作權事務所 蕭雄淋律師
出　　版／台灣廣廈
發　　行／台灣廣廈有聲圖書有限公司
地址：新北市235中和區中山路二段359巷7號2樓
電話：（886）2-2225-5777・傳真：（886）2-2225-8052

代理印務・全球總經銷／知遠文化事業有限公司
地址：新北市222深坑區北深路三段155巷25號5樓
電話：（886）2-2664-8800・傳真：（886）2-2664-8801
郵政劃撥／劃撥帳號：18836722
劃撥戶名：知遠文化事業有限公司（※單次購書金額未達1000元，請另付70元郵資。）

■出版日期：2023年12月
ISBN：978-986-130-603-2
■初版2刷：2024年1月